ZEITSCHRIFT FÜR ALLGEMEINE MIKRO-BIOLOGIE

AN INTERNATIONAL JOURNAL ON MORPHOLOGY, PHYSIOLOGY, GENETICS, AND ECOLOGY OF MICROORGANISMS

HEFT 2 · 1982 · BAND 22

AKADEMIE-VERLAG · BERLIN

VP 20,— M

ISSN 0044-2208 34 112

CONTENTS OF NUMBER 2

INHALTSVERZEICHNIS HEFT 2

ZEITSCHRIFT FÜR ALLGEMEINE MIKRO-BIOLOGIE

MORPHOLOGIE, PHYSIOLOGIE, GENETIK UND ÖKOLOGIE DER MIKROORGANISMEN

HEFT 2 · 1982 · BAND 22

AKADEMIE-VERLAG · BERLIN

Die Zeitschrift für Allgemeine Mikrobiologie soll dazu beitragen, Forschung und internationale Zusammenarbeit auf dem Gebiet der Mikrobiologie zu fördern. Es werden Manuskripte aus allen Gebieten der allgemeinen Mikrobiologie veröffentlicht. Arbeiten über Themen aus der medizinischen, landwirtschaftlichen, technischen Mikrobiologie und aus der Taxonomie der Mikroorganismen werden ebenfalls aufgenommen, wenn sie Fragen von allgemeinem Interesse behandeln.

Zur Veröffentlichung werden angenommen:

Originalmanuskripte, die in anderen Zeitschriften noch nicht veröffentlicht worden sind und in gleicher Form auch nicht in anderen Zeitschriften erscheinen werden. Der Umfang soll höchstens 1½ Druckbogen (24 Druckseiten) betragen. Bei umfangreicheren Manuskripten müssen besondere Vereinbarungen mit der Schriftleitung und dem Verlag getroffen werden. Kurze Originalmitteilungen über wesentliche, neue Forschungsergebnisse. Umfang im allgemeinen höchstens 3 Druckseiten. Kurze Originalmitteilungen werden beschleunigt veröffentlicht.
Kritische Sammelberichte und Buchbesprechungen nach Vereinbarung mit der Schriftleitung.

Bezugsmöglichkeiten der Zeitschrift für Allgemeine Mikrobiologie:

Bestellungen sind zu richten

- **in der DDR** an den Postzeitungsvertrieb, an eine Buchhandlung oder an den Akademie-Verlag, DDR-1086 Berlin, Leipziger Str. 3—4.
- **im sozialistischen Ausland** an eine Buchhandlung für fremdsprachige Literatur oder an den zuständigen Postzeitungsvertrieb
- **in der BRD und Berlin (West)** an eine Buchhandlung oder an die Auslieferungsstelle KUNST UND WISSEN, Erich Bieber OHG, D-7000 Stuttgart 1, Wilhelmstraße 4—6
- **in den übrigen westeuropäischen Ländern** an eine Buchhandlung oder an die Auslieferungsstelle KUNST UND WISSEN, Erich Bieber GmbH, CH-8008 Zürich, Dufourstraße 51
- **im übrigen Ausland** an den Internationalen Buch- und Zeitschriftenhandel; den Buchexport, Volkseigener Außenhandelsbetrieb der Deutschen Demokratischen Republik, DDR-7010 Leipzig, Postfach 160, oder an den Akademie-Verlag, DDR-1086 Berlin, Leipziger Straße 3—4.

Zeitschrift für Allgemeine Mikrobiologie
Herausgeber: Im Auftrag des Verlages von einem internationalen Wissenschaftlerkollektiv herausgegeben.
Verlag: Akademie-Verlag, DDR-1086 Berlin, Leipziger Straße 3—4; Fernruf 2236229 oder 2236221;
Telex-Nr. 114420; Bank: Staatsbank der DDR, Berlin, Kto.-Nr.: 6836-26-20712.
Chefredaktion: Prof. Dr. Udo Taubeneck,
Prof. Dr. Wilhelm Schwartz.
Anschrift der Redaktion: Zentralinstitut für Mikrobiologie und experimentelle Therapie der Akademie der Wissenschaften, DDR-6900 Jena, Beutenbergstr. 11; Fernruf: Jena 885614; Telex-Nr. 058621
Veröffentlicht unter der Lizenznummer 1306 des Presseamtes beim Vorsitzenden des Ministerrates der Deutschen Demokratischen Republik.
Gesamtherstellung: VEB Druckerei „Thomas Müntzer", DDR-5820 Bad Langensalza.
Erscheinungsweise: Die Zeitschrift für Allgemeine Mikrobiologie erscheint jährlich in einem Band mit 10 Heften. Bezugspreis je Band 250,— M zuzüglich Versandspesen (Preis für die DDR 200,— M) Preis je Heft 25,— M (Preis für die DDR 20,— M).

Erscheinungstermin: April 1982

Bestellnummer dieses Heftes 1070/22/32

AN (EDV) 75218

Zeitschrift für Allgemeine Mikrobiologie	22	2	1982	83–90

(Friedrich-Schiller-Universität Jena, Sektion Biologie, Wissenschaftsbereich Allgemeine Mikrobiologie)

Einfluß von Phosphatmangel auf Wachstum und makromolekulare Zellzusammensetzung von *Candida spec.* H

B. Brückner und R. Tröger

(Eingegangen am 10. 4. 1981)

With *Candida spec.* H during phosphate starvation the changes occurring in the macromolecular cell composition and growth parameters were studied. In the absence of exogenous phosphate, but in the presence of carbon source (*n*-alkanes or glucose) and nitrogen source, the cells exponentially grow some time, whereas cell composition undergoes several changes. Both the nucleic acid and protein levels of the yeasts decreased. At the same time lipids were accumulated, especially with *n*-alkanes as carbon source. The carbohydrate content increased only slight, although the carbon source was in excess. The results were discussed.

In mehreren Arbeiten wurde der Einfluß von Stickstoffdefizit auf Wachstum und Zellzusammensetzung von Hefen untersucht (Johnston *et al.* 1977, Käppeli *et al.* 1975, Cocucci 1977, Brückner u. Tröger 1981a). Wesentlich weniger ist über physiologische Veränderungen der Mikroorganismen als Folge von Phosphatmangel bzw. Phosphatlimitation bekannt. Nach Maas-Förster (1955) führte Phosphatdefizit zu einer beträchtlichen Intensivierung der Lipidsynthese, vor allem der Triglyceridbildung. Bei verschiedenen Hefen hatte die Verringerung der Phosphatkonzentration in der Nährlösung eine Abnahme des Proteingehalts der Hefetrockensubstanz zur Folge (Dikanskaya *et al.* 1967, Gradova *et al.* 1971). Im Gegensatz dazu fand Shkidčenko (1976), daß der Protein- und Aminosäurengehalt von *Candida utilis* bei Kultivierung im Chemostaten unter Phosphatlimitation signifikant anstieg, nachdem das intrazelluläre Phosphatdepot auf ein Viertel absank. Von großem Interesse ist der von Ramsay und Douglas (1979) unter kontinuierlichen und phosphatlimitierenden Bedingungen festgestellte Abfall des Kohlenhydratgehalts von *Saccharomyces cerevisiae*, der auf einen extrem niedrigen Glucangehalt im Vergleich zu nichtlimitierten Zellen zurückzuführen war.

In der vorliegenden Arbeit soll der Einfluß von extremem Phosphatmangel auf Wachstum und Zellzusammensetzung von *Candida spec.* H sowohl mit Kohlenwasserstoffen als auch mit Glucose als Substrat untersucht werden.

Material und Methoden

Candida spec. H erhielten wir vom Institut für Technische Chemie der AdW der DDR. Die Kultivierung erfolgte in folgendem Medium: 5,0 g $(NH_4)_2SO_4$, 0,5 g KH_2PO_4, 0,5 g $MgSO_4 \cdot 7\,H_2O$, 0,3 g NaCl, 0,3 g $CaCl_2$, aqua dest. 1000 ml, pH 4,3. Bei Verwendung von Kohlenwasserstoffen als Kohlenstoffquelle genügte ein Hefeextraktzusatz von 1,0 g/l, dem Glucosemedium wurden dagegen 3,0 g/l Hefeextrakt zugefügt. Sowohl das Parex-Paraffin II (C_{10} — C_{20}, VEB Leunawerke) als auch die Glucose wurden sterilfiltriert zugegeben und periodisch ergänzt (Anfangskonzentrationen 20 ml/l Parex-Paraffin II (KW) bzw. 20 g/l Glucose (Gl)). Der Einsatz eines Antischaummittels (Silicon-Antischaumemulsion M-30, Ferrak Berlin) erfolgte je nach Bedarf.

Fermentationsbedingungen: Rührung 1350 U/min; Belüftungsrate 3 l/min und 1l Nährlösung; 30 °C; automatische cH^+-Konstanthaltung; Arbeitsvolumen des Fermenters 2000 ml.

Analysemethoden: Für die Analytik wurden Proben von 100 ml aus dem Fermenter entnommen, zentrifugiert und nach mehrmaligem Waschen mit aqua dest. lyophilisiert. Die Bestimmung der Trockenmasse erfolgte indirekt mittels Extinktionsmessung bei 590 nm nach einer Eichkurve bzw. zur Bestimmung der Wachstumsrate direkt durch Frittenwägung der abgesaugten und getrockneten Zellen. Der Proteingehalt der Hefetrockensubstanz wurde nach LOWRY *et al.* (1951) und die Gesamtkohlenhydrate nach der Methode von DUBOIS *et al.* (1956) bestimmt. Die Fraktionierung der Kohlenhydrate erfolgte nach einer kombinierten Methode von MÄNDL *et al.* (1969) und TREVELYAN und HARRISON (1956). Für die Gesamtnucleinsäurebestimmung wurde die Methode von SPIRIN (1958) verwendet. Die Lipide wurden mit Chloroform:Methanol (2:1) aus der Trockensubstanz in Mikrosoxhlets am Rückfluß 8 Std. extrahiert und nach Abdampfen des Lösungsmittelgemisches gravimetrisch bestimmt. Zur Verseifung der Fettsäuren wurde das extrahierte Lipid mit 2,0 g KOH und 20 ml Äthanol 6 Std. am Rückfluß gekocht und mit 30 ml siedendem aqua dest. versetzt. Nach Ansäuren der wäßrigen Phase (pH 1) mit konzentrierter Phosphorsäure erfolgte das Ausschütteln der Fettsäuren mit Petroläther, deren Gehalt nach Abdampfen der Lösungsmittelphase durch Wägung bestimmt wurde.

Der Stickstoffgehalt (NH_4^+) der Nährlösung wurde mit einer Mikrokjeldahlapparatur unter Zugabe von MgO ermittelt. Die Phosphatbestimmung in der Kulturflüssigkeit erfolgte nach einer Methode von MARTLAND und ROBINSON (1962) kolorimetrisch. Der Phosphatgehalt in der Hefetrockensubstanz wurde nach einer von HESSE und GELLER (1968) beschriebenen Methode bestimmt.

Ergebnisse

Der Wachstumsverlauf von *Candida spec.* H in einem Parex-Paraffin- bzw. Glucosemedium ist auf Abbildung 1 dargestellt. Die unterschiedlichen Wachstumsraten in Abhängigkeit von der eingesetzten Energiequelle ($\mu_{maxKW} = 0{,}204\ h^{-1}$; $\mu_{maxGL} =$

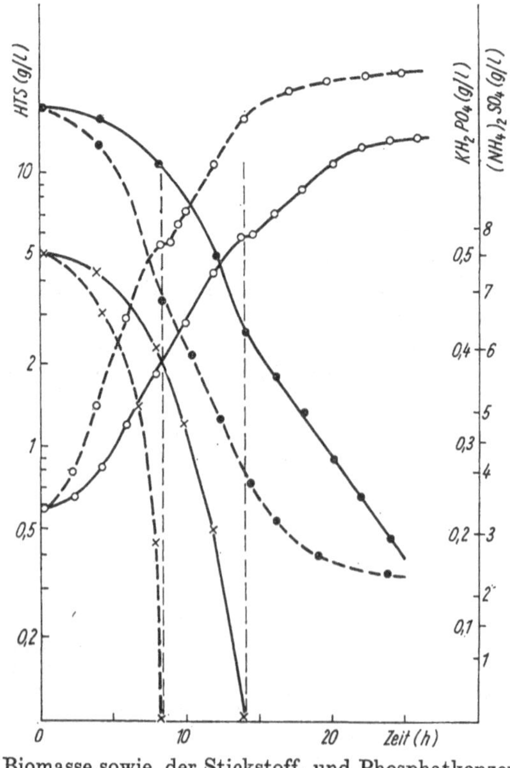

Abb. 1. Verhalten der Biomasse sowie der Stickstoff- und Phosphatkonzentrationen in der Nährlösung während der diskontinuierlichen Kultivierung von *Candida spec.* H in einem Glucosemedium (-------) bzw. in einem Kohlenwasserstoffmedium (———). ○ Hefetrockensubstranz (g/l), ● $(NH_4)_2SO_2$ (g/l), × KH_2PO_4 (g/l)

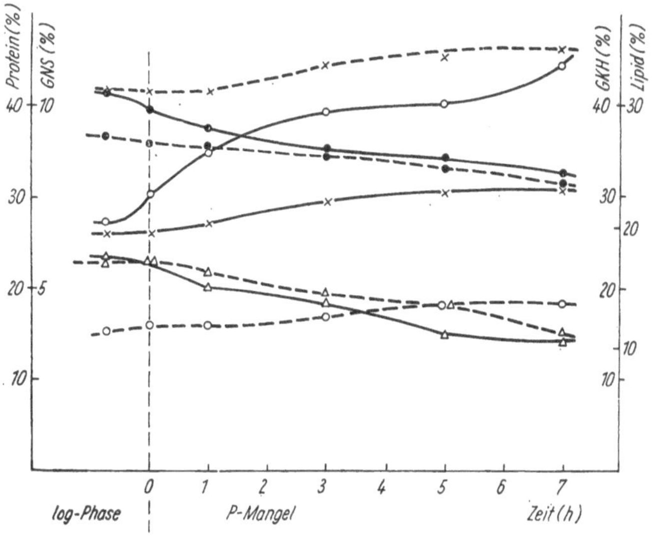

Abb. 2. Änderung der makromolekularen Zellzusammensetzung von *Candida spec.* H nach vollständigem Verbrauch der Phosphatquelle bei Kultivierung in einem Glucosemedium (-------) bzw. in einem Kohlenwasserstoffmedium (———). ● Protein (%), ○ Lipid (%), △ Gesamtnucleinsäuren (%), × Gesamtkohlenhydrate (%)

Tabelle 1

Einfluß von Phosphatmangel auf die makromolekulare Zellzusammensetzung von *Candida spec.* H bei Kultivierung in einem Parex-Paraffin- bzw. Glucosemedium

Zeit h	Protein (%)	Lipid (%)	Gesamt-kohlenhydrate (%)	Gesamt-nucleinsäuren (%)	Summe (%)
			Parex-Paraffin-II-Medium		
log. Phase[1])	41,3	20,3	26,5	6,9	95,0
0[2])	39,5	22,6	26,2	6,5	94,8
1	37,6	26,2	27,1	5,1	96,0
3	35,0	29,5	29,8	4,2	98,5
5	34,4	30,1	30,8	3,5	99,8
7	31,2	33,6	31,2	3,2	99,2
			Glucosemedium		
log. Phase[1])	36,7	11,1	41,5	6,8	96,1
0[2])	36,0	11,8	41,6	6,5	95,9
1	35,7	11,8	41,8	6,0	95,3
3	34,8	12,5	44,3	4,8	97,4
5	33,1	13,4	45,5	4,3	96,3
7	32,6	13,5	46,5	3,5	96,1

[1]) Mittelwert aus 3 verschiedenen Meßpunkten während der logarithmischen Wachstumsphase
[2]) Stunde 0 = Beginn des Phosphatmangels

0,346 h^{-1}) hatten zur Folge, daß das Phosphat im Glucosemedium wesentlich schneller aufgebraucht war als im Kohlenwasserstoffmedium (Abb. 1).

Nach vollständigem Verbrauch des Phosphats nahm die Biomasse nach kurzer Stagnation noch einige Stunden exponentiell zu, wenn auch mit geringerer spezifischer Wachstumsrate. Diese zeitlich begrenzt fortgesetzte logarithmische Zellvermehrung stellt eine Besonderheit im Vergleich zu Stickstoffmangel dar, unter dessen Einfluß das exponentielle Wachstum in eine Phase der linearen Zunahme der Biomasse überging (BRÜCKNER u. TRÖGER 1981a, b).

Mit Beginn des Phosphatmangels verlangsamte sich die Stickstoffassimilation (NH_4^+) durch die Zellen deutlich (Abb. 1). Die Veränderung der Zellzusammensetzung nach vollständigem Verbrauch des exogenen Phosphats (= Stunde 0) wurde für beide Versuchsvarianten im Verlaufe von 7 Stunden verfolgt (Abb. 2, Tab. 1). Bereits während des exponentiellen Wachstums traten in Abhängigkeit von der eingesetzten C-Quelle signifikante Unterschiede in der Zusammensetzung der Hefetrockensubstanz, vor allem im Lipid- und Gesamtkohlenhydratgehalt, auf (Tab. 1). Die Ursachen hierfür wurden in einer vorangegangenen Arbeit (BRÜCKNER u. TRÖGER 1981b) ausführlich diskutiert.

Extremer Phosphormangel führte in unseren Versuchen zu einem Abfall der Protein- und Gesamtnucleinsäureanteile an der Hefetrockensubstanz (Tab. 1). Die Abnahme des Proteingehalts nach siebenstündigem Phosphatmangel war jedoch mit 25% (KW) bzw. 12% (Gl) gegenüber den Werten der logarithmischen Wachstumsphase wesentlich geringer als unter den Bedingungen von Stickstoffmangel (BRÜCKNER u. TRÖGER 1981b).

Auffällig stieg der Lipidgehalt der Hefen, vor allem bei Kultivierung im Parex-Paraffinmedium (Tab. 1, Abb. 2). Dieser Anstieg des Gesamtlipidextrakts war mit einem Anwachsen des Fettsäuregehalts der Zellsubstanz verbunden (Tab. 2). Der Fettsäureanteil am Gesamtlipid der Zellen lag im Glucosemedium überraschend höher als im Kohlenwasserstoffmedium, obwohl die absolute Fettsäuremenge der Hefetrockensubstanz wesentlich geringer war. Diese Tatsache deutet auf einen Restkohlenwasserstoffanteil am Gesamtlipid der Hefen hin, der bei der Chloroform-Methanol-Extraktion mit erfaßt wird.

Tabelle 2
Einfluß von Phosphatmangel auf den Fettsäuregehalt von *Candida spec.* H

Zeit (h)	Parex-Paraffin-II-Medium			Glucosemedium		
	Lipid (% HTS)	Fettsäuren (% HTS)	Fettsäuren (% v. Lipid)	Lipid (% HTS)	Fettsäuren (% HTS)	Fettsäuren (% v. Lipid)
Log. Phase[1])	20,3	7,6	37,4	11,1	4,4	41,4
0[2])	22,6	7,9	35,0	11,8	4,8	40,7
1	26,2	10,3	39,4	11,8	5,2	44,1
3	29,5	11,6	39,3	12,5	5,4	43,2
5	30,1	11,8	39,3	13,4	5,6	41,8
7	33,6	13,0	38,7	13,5	5,8	42,9

[1]) Mittelwert aus 3 verschiedenen Meßpunkten während der logarithmischen Wachstumsphase
[2]) Stunde 0 = Beginn des Phosphatmangels

Im Vergleich zu den Lipiden war der Zuwachs der Kohlenhydratfraktion bei Phosphatmangel trotz periodischer Zufuhr von Parex-Paraffin bzw. Glucose nur gering. Die Ergebnisse der fraktionierten Kohlenhydratanalyse bestätigten dieses Ergebnis (Tab. 3). Die Trehalosefraktion blieb konstant (KW) bzw. verringerte sich sogar im Glucosemedium. Die Mengen an säurelöslichem Glycogen sowie den Strukturkomponenten Mannan und Glucan erhöhten sich in wesentlich geringerem Maße als unter Stickstoffmangelbedingungen (BRÜCKNER u. TRÖGER 1981b). In Tabelle 4 ist der relative Zuwachs der Reserve- und Strukturkomponenten von *Candida spec.* H nach siebenstündigem Phosphatmangel im Vergleich zu den Werten der logarith-

Tabelle 3
Einfluß von Phosphatmangel auf die Kohlenhydratfraktionen von *Candida spec.* H

Zeit (h)	Trehalose (%)	Säurelösl. Glycogen (%)	Mannan (%)	Glucan (%)
		Parex-Paraffin-II-Medium		
log. Phase[1])	0,9	1,8	7,8	9,8
0[2])	1,7	7,6	7,6	9.7
1	0,9	2,0	7,9	10,5
3	1,0	2,1	8,0	10,5
5	0,9	2,3	8,1	10,8
7	0,9	2,5	8,3	11,2
		Glucosemedium		
log. Phase[1])	2,7	4,0	9,4	11,9
0[2])	2,6	3,9	9,8	12,3
1	2,1	4,4	10,3	12,9
3	2,0	4,7	10,4	13,1
5	1,9	4,8	10,6	13,5
7	1,9	4,8	10,8	13,8

[1]) Mittelwert aus 3 verschiedenen Meßpunkten während der logarithmischen Wachstumsrate
[2]) Stunde 0 = Beginn des Phosphatmangels

Tabelle 4
Relativer Anstieg der Kohlenhydratfraktionen und des Lipids bei Phosphatmangel (7. Stunde) im Vergleich zu den Werten der exponentiellen Wachstumsphase (100%)

C-Quelle	Trehalose (%)	Säurelösl. Glycogen (%)	Mannan (%)	Glucan (%)	GKH (%)	Lipid (%)
Parex-Paraffin	100	139	106	114	117	165
Glucose	70,3	120	115	116	112	122

GKH — Gesamtkohlenhydrate

mischen Wachstumsphase dargestellt. Die Gesamtlipidfraktion stieg sowohl im Glucosemedium als auch im Parex-Paraffin-Medium stärker an als die Kohlenhydratfraktion.

Es sollte weiterhin untersucht werden, in welchem Maße das Fehlen der äußeren Phosphatquelle das intrazelluläre Depot an Phosphorverbindungen verringert. Die Bestimmung des Phosphatgehalts der Trockenmasse nach siebenstündigem Phosphatmangel zeigte eine Verringerung um 28,2% (Parex-Paraffin-Medium) bzw. 23,0% (Glucosemedium) im Vergleich zur logarithmischen Wachstumsphase.

Diskussion

Auf die Bedeutung der Phosphatkonzentration in der Nährlösung für Wachstum und Zellzusammensetzung wurde in zahlreichen Arbeiten hingewiesen (Arima *et al.* 1965, Nordheim *et al.* 1967, Gromova u. Kalunjanc 1968, Simek *et al.* 1973). Hefen können Phosphat in Form von anorganischen, hochkondensierten Polyphosphaten speichern, die mit ihren acidoiden kolloidalen Eigenschaften in mannigfaltige Beziehungen zu den anderen Ladungsträgern in der Zelle treten und damit zu integrierten

Bestandteilen der Zellstruktur werden (Jungnickel 1966). Das Vorhandensein solcher Phosphatspeicher erklärt, daß eine normale Entwicklung von Hefen auch bei extremem Phosphatmangel noch relativ lange möglich ist (Dikanshaya *et al.* 1967). Unter Phosphatmangelbedingungen wird sowohl das frei in der Zelle gelöste bzw. adsorbierte Orthophosphat als auch die hochkondensierten Polyphosphate für die Synthese essentieller Verbindungen weitgehend verbraucht (Jungnickel 1969).

Auch die zeitlich begrenzte Fortsetzung des exponentiellen Wachstums (mit etwas verringerter Wachstumsrate) von *Candida spec.* H nach vollständigem Verbrauch des exogenen Phosphats ist nur mit dem Vorhandensein großer intrazellulärer Phosphatreserven zu erklären. Der Phosphatgehalt der Hefetrockensubstanz sank während der siebenstündigen Mangelkultivierung im Vergleich zum Ausgangswert um ein Viertel ab.

Auf die bereits während des exponentiellen Wachstums bestehenden Unterschiede in der Zellkomposition von *Candida spec.* H in Abhängigkeit vom eingesetzten Substrat soll hier nicht näher eingegangen werden. Sie wurden in einer früheren Arbeit diskutiert (Brückner u. Tröger 1981b). Die Veränderungen der Zellzusammensetzung von *Candida spec. H* unter dem Einfluß von Phosphatmangel zeigten deutliche Unterschiede im Vergleich zum Stickstoffmangel (Brückner u. Tröger 1981a, b). Phosphatdefizit führte zu einer wesentlich geringeren Abnahme des Proteingehalts als unter Stickstoffmangelbedingungen. Diese Verringerung des Proteingehalts könnte seine Ursache primär in einer Verarmung der Zellen an Stickstoff haben, da mit Beginn des Phosphatmangels eine deutliche Verlangsamung der Stickstoffassimilation auftrat (Abb. 1). Ähnliche Ergebnisse erzielte Maas-Förster (1955) mit einem Stamm von *Endomycopsis vernalis*, der bei minimaler Phosphatzugabe zwar die gleiche Biomasse wie in der Normalvariante bildete, jedoch wesentlich weniger Stickstoff assimilierte und dementsprechend weniger Protein enthielt.

Shkidcenko (1976) berichtete dagegen von einer Zunahme des Proteingehalts einer stark phosphatlimitierten Population von *Candida utilis*. Der gleiche Effekt trat bei drastischer Kohlenstofflimitation auf und wurde vom Autor als Vorbereitung der Zellen auf eine „Konservierung“ als Antwort auf ungünstige Wachstumsbedingungen gewertet. Auch Ramsay u. Douglas (1979), die den Einfluß von Phosphatlimitation auf die Zellwandzusammensetzung von *Saccharomyces cerevisiae* untersuchten, wiesen auf einen höheren Proteingehalt der Zellwand hin.

Im Unterschied zu Stickstoffmangel (Brückner u. Tröger 1981a, b) führte Phosphatmangel trotz ausreichender Versorgung der Zellen mit einer Kohlenstoffquelle nur zu einem geringfügigen Anstieg der Gesamtkohlenhydratmenge von *Candida spec.* H (Tab. 1 u. 4). Diese Tatsache ist besonders bei glucoseverwertenden Zellen ungewöhnlich, da bekanntlich im Überschuß angebotenes Kohlenhydrat im Substrat eine Synthese von Reserve- und Strukturpolysacchariden begünstigt (Nabeshima *et al.* 1973). Die Ergebnisse der fraktionierten Kohlenhydratanalyse zeigten, daß der Trehalosegehalt von *Candida spec.* H während der siebenstündigen Phosphatmangelkultivierung konstant blieb (Kohlenwasserstoffmedium) bzw. sogar absank (Glucosemedium), während der Glycogengehalt nur geringfügig zunahm (Tab. 3, 4). Auch die bei Stickstoffmangel beobachtete starke Zunahme der Glucanfraktion blieb aus. In kontinuierlicher Kultur mit Phosphatlimitation kam es nach Angaben von Ramsay u. Douglas (1979) bei *Saccharomyces cerevisiae* sogar zu einem Abfall des Gesamtkohlenhydratgehalts gegenüber der Kontrollvariante, der auf einen stark reduzierten Glucangehalt zurückzuführen war.

Maas-Förster (1955) begründete die Hemmung der Reservekohlenhydratakkumulation bei *Endomycopsis vernalis* mit einer Verlangsamung des Zuckerabbaus bei Phosphatdefizit. Bereits Nickerson (1949) wies nach, daß ein enger Zusammenhang zwischen den Prozessen der Phosphataufnahme und -polymerisation sowie der Glucosepolymerisation besteht. Stoffe, die den Kohlenhydratmetabolismus inhibieren (z. B. Zyanide), hemmen gleichzeitig die Phosphataufnahme und Metaphosphatbildung in den Zellen. Phosphatmangelzellen enthielten kein oder nur wenig Glykogen. Der Autor zieht aus diesen Fakten den Schluß, daß Glykogen und Polyphosphat simultan aus Glucose-1-Phosphat synthetisiert werden. Gleiches scheint auch für die Kohlenwasserstoffverwertung zuzutreffen, da die energieaufwendige Gluconeogenese ebenfalls an das Vorhandensein ausreichender Phosphatreserven gebunden ist.

Im Unterschied zu den Versuchen von RAMSAY und DOUGLAS (1979), die einen Abfall des Lipidgehalts phosphatlimitierter Zellen von *Saccharomyces cerevisiae* registrierten, stimulierte Phosphormangel die Lipidakkumulation von *Candida spec.* H. Der Fettsäuregehalt lag über dem unter Stickstoffmangel kultivierter Zellen von *Candida spec.* H (BRÜCKNER u. TRÖGER 1981a). Lipid kann somit unter den Bedingungen von Phosphatmangel als Hauptreservestoff angesehen werden, dessen Anreicherung die fehlende Akkumulation von Kohlenhydraten teilweise ausglich (Tab. 4). Auch JOHNSON *et al.* (1977) stellten bei phosphatlimitierten, glucoseverwertenden Zellen von *Saccharomyces cerevisiae* einen größeren Gesamtlipidgehalt fest, der ebenfalls auf einer verstärkten Fettsäuresynthese basierte. Was den Einfluß von Phosphatdefizit auf den Protein- und Gesamtkohlenhydratgehalt betrifft, so unterscheiden sich die unter kontinuierlicher Kulturführung gewonnenen Resultate (SHKIDČENKO 1976, RAMSAY u. DOUGLAS 1979) von denen der eigenen Versuche. Berücksichtigt man jedoch die Tatsache, daß nach siebenstündigem Phosphatmangel das intrazelluläre Phosphordepot von *Candida spec.* H nur um *ca.* 25% gesunken ist, so scheint es wahrscheinlich, daß eine zeitliche Verlängerung der Mangelkultivierung zu einer Angleichung an die Resultate der kontinuierlichen Versuche führen könnte. Insbesondere dürfte es mit zunehmender Verarmung der Zellen an inneren Phosphatreserven zu einem völligen Abbruch der Glucosepolymerisation und damit der Bildung hochmolekularer Reserve- und Strukturpolysaccharide kommen. Somit deuten die Bedingungen von Phosphatmangel bzw. -limitation eine Möglichkeit an, den Kohlenhydratgehalt der Hefesubstanz bei gleichbleibendem oder gesteigertem Proteingehalt zu senken.

Literatur

ARIMA, K., OGINO, S., YANO, K. and TAMURA, G., 1965. Studies of utilisation of hydrocarbons by yeasts. Agric. Biol. Chem., **29**, 1004–1008.

BRÜCKNER, B. und TRÖGER, R., 1981a. Vergleichende physiologische Untersuchungen zwischen *Candida spec.* H und der Mutante H13 unter Stickstoffmangelbedingungen. Z. Allg. Mikrobiol., **21**, 19–26.

BRÜCKNER, B. und TRÖGER, R., 1981b. Einfluß der Kohlenstoffquelle auf die Reservestoffbildung von *Candida spec.* H. Z. Allg. Mikrobiol., **21**, 77–84.

COCUCCI, M. C., 1977. Changes of anabolic and energetic metabolism in the recovery of *Rhodotorula gracilis* from nitrogen starvation. Plant. Cell Physiol., **18**, 1217–1222.

DIKANSKAYA, E. M., GRIGORYAN, A. N. POPOVA, T. E., ROBYSHEVA, S. N. i KOROBOVA, L. G., 1967. Ismenenije belkovo-vitaminnovo sostava drozzej pri nakoplenii lipidov na sredach s uglevodorodami i charakteristika obeszirennoj biomassy (biosrota). Mikrobiol. Sintes, **8**, 9–13.

DUBOIS, M., GILLES, K. A., HAMILTON, J. J. REBERS, P. A. and SMITH, F., 1956. Colorimetric method for determination of sugars and related substances. Anal. Chem., **28**, 550–556.

GRADOVA, N. B., DIKANSKAYA, E. M. i MICHALEVA, V. V., 1971. Ispolsovanije uglevodorodov drozzami. Nauka, Moskva 1971.

GROMOVA, M. N. i KALUNYANC, N. P., 1968. Fosfornye sojedinenija *Candida guilliermondii* NP-2. Mikrobiol. Sintes, **1**, 14–16.

HESSE, G. und GELLER, K., 1968. Untersuchungen zur Phosphorbestimmung (Nukleotidphosphor) nach HURST mit einem $SnCl_2$/Hydrazinsulfatreagens. Mikrochimica Acta (Wien), 526–533.

JOHNSTON, G. C., SINGER, R. A. and MC FARLANE, E. S., 1977. Growth and cell division during nitrogen starvation of the yeast *Saccharomyces cerevisiae*. J. Bacteriol., **132**, 723–730.

JUNGNICKEL, F., 1966. Vergleich des Einflusses der Veratmung endogener und exogener Substrate auf Polyphosphatbildung und Kaliumaufnahme bei phosphatverarmten Zellen von *Candida utilis*. Arch. Mikrobiol., **55**, 175–186.

JUNGNICKEL, F., 1969. Die Aufnahme von Phosphat durch Phosphatmangelhefe unter aeroben und anaeroben Bedingungen. Z. Allg. Mikrobiol., **9**, 449–455.

KÄPPELI, O., AESCHBACH, H., SCHNEIDER, H. and FIECHTER, A., 1975. A comparative study of carbon reserve metabolism of *Candida tropicalis* growing on glucose and on hydrocarbon. Europ. J. Appl. Microbiol., **1**, 199–211.

LOWRY, O. H., ROSEBROUGH, N. J., FARR, A. L. and RANDALL, R. J., 1951. Protein measurement with the folin phenol reagent. J. biol. Chemistry, **193**, 265–275.

MAAS-FÖRSTER, M., 1955. Der Fett- und Eiweißstoffwechsel von *Endomycopsis vernalis* unter dem Einfluß von Phosphor- und Kaliummangel. Arch. Mikrobiol., **22**, 115–144.

MÄNDL, B., WILLINGER, F., HENRICH, R. und PIENDL, A., 1969. Struktur, Analyse und Synthese von Glycogen, Glucan und Mannan der Brauereihefe. Brauwissenschaft, **11**, 433–442.

MARTLAND, M. and ROBINSON, R., 1962. Possible significance of hexose phosphoric esters in osification. VI. Phosphoric esters in blood plasma. Biochem. J., **20**, 848–855.

NABESHIMA, S., TANAKA, A. and FUKUI, S., 1970. Studies on the utilisation of hycrocarbons by microorganisms. XII. Comparison of the polysaccharide contents of yeast cells grown on hydrocarbons and glucose. J. Ferment. Technol., **48**, 556–562.

NICKERSON, W. J., 1949. Dependence, in yeasts, of phosphate uptake and polymerization upon the occurrence of glucose polymerisation. Experientia, **5**, 202–203.

NORDHEIM, W., REDINGER, L. und MÜLLER, G., 1967. Die Regulation des Energiestoffwechsels von *Candida utilis* durch den phosphatgekoppelten Magnesium-Transfer in die Zelle. Enzymologia, **31**, 188–197.

RAMSAY, A. M. and DOUGLAS, L. J., 1979. Effects of phosphate limitation of growth on the cell-wall and lipid composition of *Saccharomyces cerevisiae*. J. gen. Microbiol., **110**, 185–191.

SHKIDCENKO, A. N., 1976. In: Biofisika mikrobov i bioinzenerija. Gorki 1976, S. 20–26.

SIMEK, F., SZECHENYI-MARTON, E. and BORBIRO-BEDNAR, G., 1973. The role of nitrogen and phosphorus in the protein synthesis of *Candida guilliermondii* cultivated on *n*-alkanes. Acta Alimentaria, **2**, 447–454.

SPIRIN, A. S., 1958. Spektrofotometriceskoje opredelenije summarnovo kolicestva nukleinovych kislot. Biochimija, **23**, 656–662.

TREVELYAN, W. E. and HARRISON, J. S., 1956. Studies on yeast metabolism: yest carbohydrate fractions, separation from nucleic acid analysis and behaviour during anaerobic fermentation. Biochem. J., **63**, 23–33.

Anschrift: Prof. Dr. R. TRÖGER
Friedrich-Schiller-Universität
WB Allgemeine Mikrobiologie
DDR-6900 Jena, Neugasse 24

Zeitschrift für Allgemeine Mikrobiologie	22	2	1982	91–96

(Akademie der Wissenschaften der DDR, Forschungszentrum für Molekularbiologie und Medizin, Zentralinstitut für Mikrobiologie und experimentelle Therapie, Jena, Direktor: Prof. Dr. U. TAUBENECK)

A screening method for autoregulators of anthracycline-producing streptomycetes

INGE ERITT, U. GRÄFE and W. F. FLECK

(Eingegangen am 15. 6. 1981)

A novel method was proposed for screening of autoregulators by anthracycline-producing strains of *Streptomyces griseus*. By means of a modified cosynthesis procedure, an indicator strain was detected capable of producing both leukaemomycin and aerial mycelium only in the presence of specific inducing factors (autoregulators) which were produced not only by anthracycline-yielding organisms and their mutants, but also by a streptomycin-producing strain of *Streptomyces griseus* as well as by its non-differentiating derivative.

Streptomycetes are known to produce differentiation inducing factors, so-called autoregulators (Are) which are involved as triggers in the regulation of cellular development and secondary metabolism of this group of industrial microorganisms (KALAKOUTSKI and AGRE 1976). The chemical nature of these autoregulators appears as quite variable but, obviously, their common property is that they stimulate the formation of aerial mycelium, spores and secondary metabolites in non-differentiating and non-antibiotic-producing mutants of appropriate streptomycetes (KHOKHLOV *et al.* 1967, POGELL 1979).

Well-known examples of these autoregulators are the cosynthetic factor I in *Streptomyces aureofaciens* (MILLER *et al.* 1960), the A-factor in *Actinomyces streptomycini* (KHOKHLOV *et al.* 1967, TOVAROVA *et al.* 1970), the C-factor in *Streptomyces griseus* (SZABO *et al.* 1967), pamamycin in *Streptomyces alboniger* (MCCANN and POGELL 1979) and methylenomycin A in *Streptomyces coelicolor* (KIRBY *et al.* 1975). An additional example is an as yet non-identified substance in *Streptomyces venezuelae*, which was isolated from strains of this species forming aerial mycelium (SCRIBNER *et al.* 1973). Recently, the presence of appropriate factors was established in *Penicillium cyclopium*, too (ZENDEM *et al.* 1980).

The biochemical mechanism of action of all these factors is as yet poorly understood, but their occurrence appears to be a common feature in the regulation of differentiation in streptomycetes. Seen in this light, all attempts to investigate the regulation of the secondary metabolism of industrial microorganisms have to take into account the possibility of their presence. The elucidation of their chemical structure and their mode of action deserves greatest interest in connection with both the development of rational strategies for strain improvement and the investigation into the molecular basis of differentiation (MCCANN and POGELL 1979, ENSIGN *et al.* 1980).

Therefore, the development of a rapid screening method useful in the search for autoregulators involved in antibiotic production appeared as particularly important. As a part of our work on the regulation of anthracycline biosynthesis by *Streptomyces griseus* IMET JA 3933 (FLECK and STRAUSS 1975) we made some efforts to detect appropriate effectors by means of a modified cosynthesis procedure (DELIC *et al.* 1969). So far, neither a systematic screening for autoregulators nor the involvement of these factors in the regulation of anthracycline biosynthesis has been described. Therefore, it was the aim of this work to develope a method suitable to detect novel autoregulators in leukaemomycin-producing *Streptomyces griseus*, IMET JA 3933 and IMET JA 5142, a result of a systematic screening study.

Materials and methods

Organisms: Strains used in this study were leukaemomycin producers *Streptomyces griseus* IMET JA 5142 and IMET JA 3933 (FLECK and STRAUSS 1975) and 50 of their mutants blocked in the formation of aerial mycelium and in leukaemomycin biosynthesis. All mutants were obtained after mutagenic treatment by means of ultraviolet light (UV), X-rays and N-methyl-N'-nitro-N-nitroso-guanidine (NTG) as described by ERITT *et al.* (1981) and WAGNER *et al.* (1981). Additionally, an industrial strain of the streptomycin-producing *Streptomyces griseus* HP (GRÄFE *et al.* 1981) and a streptomycin-blocked and non-aerial mycelium-forming mutant LM 7, obtained during continuous cultivation of the HP strain (ROTH, to be published), were used.

Cultivation conditions: The cultivation of all mutants was started from a stock of lyophilized conserves or with freeze-dried mycelia. Propagation and maintenance of indicator strains and non-differentiating mutants were performed on medium AL 53: saccharose 0.3%, dextrin 1.5%, urea 0.01%, yeast-extract 0.1%, bacto-peptone (DIFCO) 0.5%, NaCl 0.05%, KH_2PO_4 0.05%, $FeSO_4 \cdot 7\,H_2O$ 0.001%, Agar-Agar 1.5% in tap water (adjusted to pH 7.8 after sterilization at 115 °C for 35 min). Propagation and maintenance of wild type strains and determination of autoregulators was performed on oatmeal agar (oatmeal 2%, agar 1.5% in tap water adjusted to pH 7.8 after sterilization at 120 °C for 35 min). For cultivation of the indicator strain IMET JA 5142/86 the following liquid medium was useful: Bacto-peptone 0.6%, yeast-extract 0.3%, $Ca(NO_3)_2$ mal 4 H_2O 0.05% in tap water (adjusted to pH 7.2; sterilization at 120 °C for 30 min).

Analytic procedures: Antibiotic activity was observed during fermentation by assaying samples of crude culture broth as described by FLECK and STRAUSS (1975). For detection of cosynthesis in leukaemomycin-blocked mutants producing autoregulators or, respectively, indicating factors which induce the formation of aerial mycelium and spores, the method described by DELIC *et al.* (1969) modified by SCHLEGEL and FLECK (1980) was used.

Results and discussion

As will be shown subsequently, our studies on anthracycline-producing microorganisms led to the development of a suitable screening system which can be used for detection of differentiation inducing factors (Are) both in microbial cultures and extracts from biological materials. As shown in Fig. 1, this test system consists of three main working steps to identify an indicator strain. We began with a combined mutagenic treatment (UV-light, X-rays, NTG) of the leukaemomycin-producing (Lkm) *Streptomyces griseus* (strains IMET JA 3933 and IMET JA 5142 (Fig. 1—1). In the second step, our efforts were directed towards isolating those antibiotic-blocked mutants which were concomitantly devoid of aerial mycelium formation (Amy^-). Thus, 50 appropriate mutants (Lkm^-, Amy^-) were selected (Fig. 1—2). In the third step, these mutants (Lkm^-, Amy^-) were streaked out against the parent strains (Lkm^+, Amy^+, Are^+) to identify those that could regain aerial mycelium formation by the aid of the parent autoregulator (Are, Fig. 1—3). Only 3 mutants among 50 (1.5%) were detected as suitable for use in our screening programme. They were able to differentiate only in presence of autoregulators. One of these mutants was singled out as an indicator for autoregulators produced by wild types of other microorganisms and mutant strains.

The indicator strain with code-No. IMET JA 5142/86 had a prototrophic phenotype, but was completely blocked in leukaemomycin biosynthesis and in the formation of aerial mycelium (Lkm^-, Amy^-, Are^-). The stimulator activity of the autoregulator on the formation of aerial mycelium of the indicator strain IMET JA 5142/86 was chosen as the screening phenomenon (Fig. 1–3). The efficiency was visualized by an agar diffusion assay.

In order to provide a more rapid procedure for mass screening we have used a single-stage technique performed entirely on agar medium. Similar to the cosynthesis test, all strains to be tested were streaked out against the indicator strain IMET JA 5142/86 on opposite halves of a plate, about 2 mm apart (Fig. 1–4 and Fig. 2).

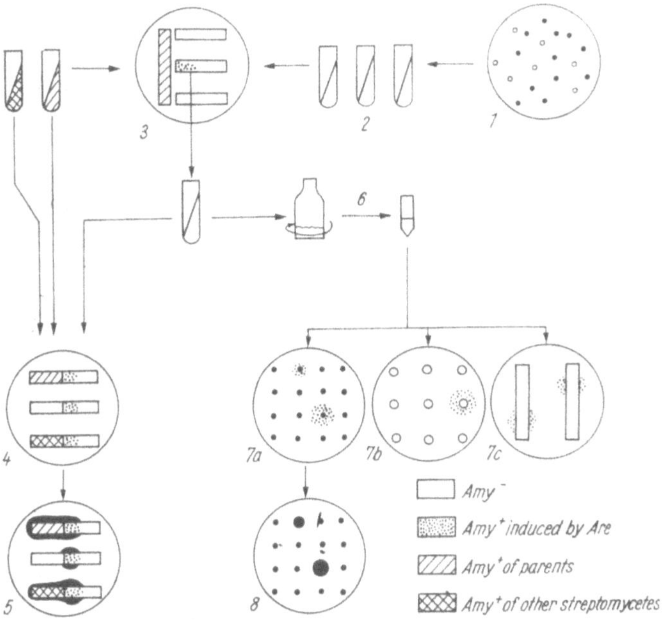

Fig. 1. Scheme of screening programme for detection of autoregulators in anthracycline-producing streptomycetes

After aerial mycelium formation by the indicator strain (after 2 to 3 days) a strip of agar with the two organisms (screening strain and indicator) may be placed on the surface of an agar plate containing *Bacillus subtilis* ATCC 6633, to control the leukaemomycin activity (Fig. 1–5).

In some cases detection of both the aerial mycelium stimulator activity and the cosynthesis in non-differentiating and antibiotic-blocked mutants of *Streptomyces griseus* is possible (Fig. 5). If the indicator strain IMET JA 5142/86 produced glycosides of the leukaemomycin complex, the formation of reddish-coloured zones was observed around this induced Are⁻ strain. This red pigmentation already becomes visible after 2 to 3 days in parallel to stimulation of aerial mycelium formation. Therefore, the incubation of the strip of cosynthetic pairs (screening strain and indicator) on *Bacillus subtilis* (Fig. 5) is not necessary for the detection of anthracycline production by this indicator strain.

In a variation of the test method, samples of the indicator strain IMET JA 5142/86 obtained by submerged fermentation were applied (Fig. 1–6). A 48 h submerged culture was centrifuged, the pellets of the indicator strain were suspended in a stock mixture of 5% glucose-gelatine and kept at +4 °C prior to inoculation. In order to prepare them, oatmeal-agar plates were dried under sterile conditions for 1 h at room temperature and spread with approx. 0.1 ml of a stock mixture of indicator inoculum.

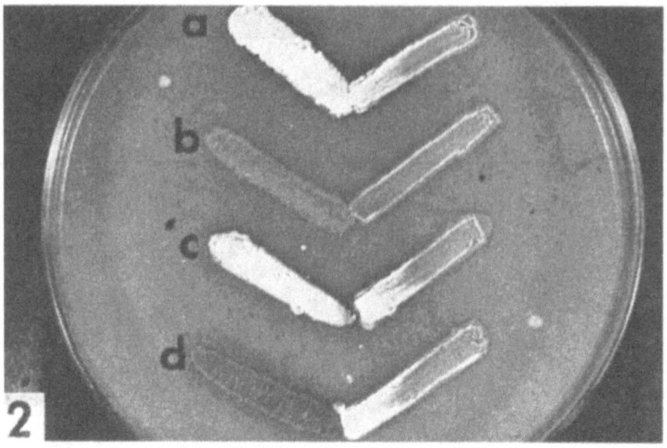

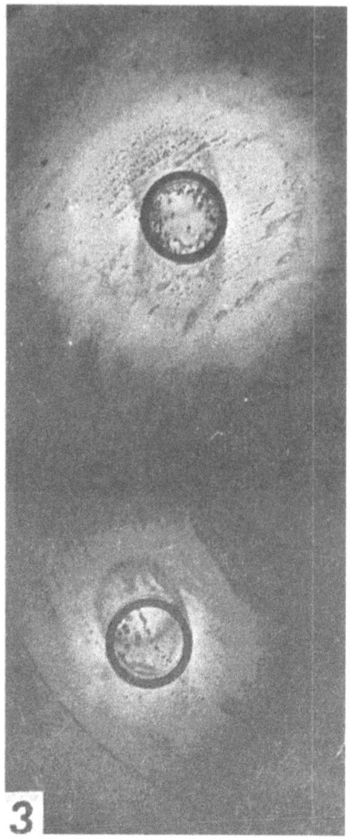

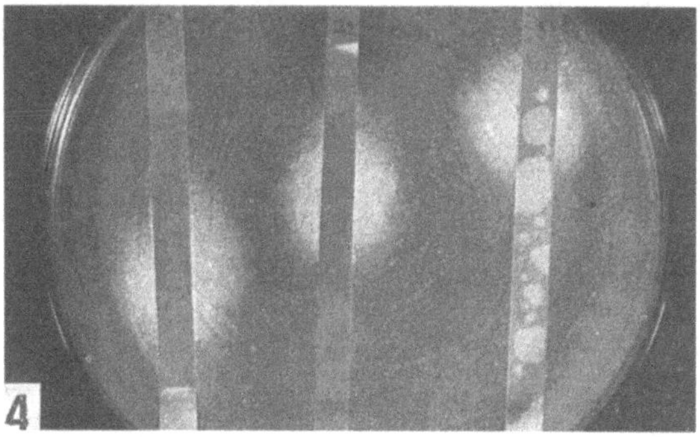

Fig. 2. Screening phenomenon used in the search for autoregulator-producing microorganisms among wild type strains and mutants. The aerial mycelium formation of the non-differentiating and antibiotic-blocked indicator mutant IMET JA 5142/86 ($Lkm^-Amy^-Are^-$) can be stimulated (right) by the wild type strain of the leukaemomycin-producing *Streptomyces griseus* ($Lkm^+Amy^+Are^+$) in a), furthermore, by the streptomycin-producing *Streptomyces griseus* ($Str^+Amy^+Are^+$) in c), and by the aerial mycelium-negative mutant LM 7 ($Str^-Amy^-Are^+$) of the streptomycin-producer (d). In contrast, the aerial mycelium-negative mutant IMET JA 5142/34 ($Lkm^-Amy^-Are^-$) of the leukaemomycin-producer is not able to stimulate aerial mycelium formation of the indicator strain (b).

Fig. 3. Semi-quantitative determination of stimulatory activity of autoregulators on the formation of aerial mycelium. Samples of culture fluids, mycelium extracts or eluates of chromatographic columns were filled in glass rings placed on the surface of agar plates inoculated with the indicator mutant IMET JA 5142/86 of *Streptomyces griseus*. After 48 hours of incubation at 28 °C the diameters of circular white areas caused by aerial mycelium formation were measured.

Fig. 4. Detection of aerial mycelium stimulatory activity of bioregulators by means of thin-layer chromatographic techniques. Strips of thin-layer chromatograms were placed on the surface of agar plates inoculated with the indicator mutant IMET JA 5142/86 of *Streptomyces griseus*. After 48 hours of incubation at 28 °C the Rf values of the bioregulators were determined, aerial mycelium stimulations being visible as circular areas of intense white powder formation.

Mycelium extracts and eluates from chromatographic columns were adsorbed on paper disks (SCHLEICHER & SCHÜLL, 5 mm in diameter) dried, and placed on agar plates inoculated with the indicator strain (Fig. 1–7a). After 48 to 72 h of incubation at 28 °C, the zones of aerial mycelium stimulation became visible as circular areas of intense white powder formation.

In order to prove the ability to produce antibiotics, small agar circles around the paper disks were cut out and placed on agar plates containing *Bacillus subtilis* ATCC

6633 (Fig. 1—8). On the other hand (Fig. 1—7b) culture fluids were filled in glass-rings (10 mm in diameter, 5 mm high) to test submerged cultures of various microorganisms. Inside the glass rings a defined quantity of substance was placed. As was shown for the quantitative determination of pamamycin (McCANN and POGELL 1979) the diameter of the aerial mycelium zone around the test sample could be used to calculate the concentration of the differentiation-inducing factor (Fig. 3). For the purpose of stepwise purification of the autoregulators from extracts of culture fluids a bioautographic procedure was developed which uses paper and/or thin-layer chromatograms in combination with the test system mentioned above (Fig. 1—7c). Such a procedure was also used for the characterization of materials with multicomponent differentiation-stimulating and inhibiting activities as found in crude culture fluids of microorganisms and in mixtures which are difficult to separate (Fig. 4).

In order to increase the screening efficiency, the autoregulator test can be automated by means of the automatic equipment described by KNÖLL *et al.* (1981).

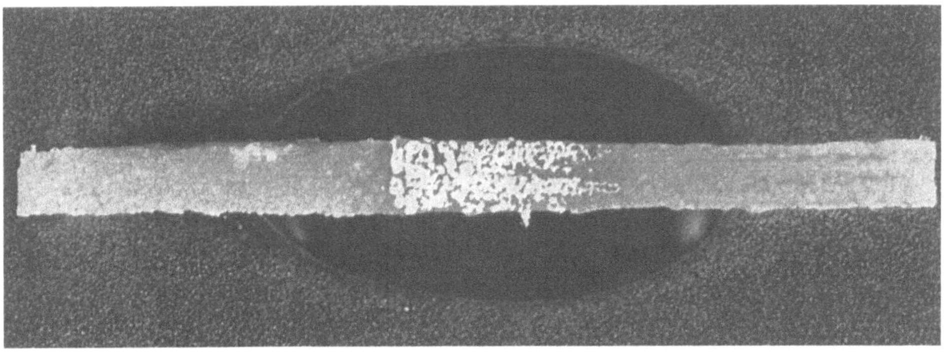

Fig. 5. Detection of aerial mycelium stimulator activity and cosynthesis in non-differentiating and antibiotic-blocked mutants of *Streptomyces griseus*. A strip of agar cut from a petri dish seeded with the two non-differentiating and antibiotic-blocked mutants (left: *S. griseus*, autoregulator-producing strain IMET JA 5142/39; phenotype $Lkm^-Amy^-Are^+$; right: indicator mutant *S. griseus* IMET JA 5142/86; phenotype $Lkm^-Amy^-Are^-$) shows both an area of stimulated aerial mycelium and a halo of inhibition on an assay plate (testing strain: *Bacillus subtilis* ATCC 6633). Both the autoregulator-producing mutant and the indicator were incubated together 4 days at 28 °C on oatmeal agar

Using the screening test system described above, specific differentiation-inducing factors were found in both the wild type strains of the leukaemomycin-producing *Streptomyces griseus*, strains IMET JA 3933 and IMET JA 5142, and some of their antibiotic-blocked and non-differentiating mutants.

Surprisingly, in culture fluids of quite another *Streptomyces griseus* HP (Str^+, Amy^+, Are^+) producing streptomycin, as well as in its streptomycin-blocked and non-aerial mycelium-forming mutant LM 7 (Amy^-, Str^-, Are^+) a specific bioregulator was identified (Fig. 2). This low molecular weight autoregulator (GRÄFE *et al.* to be published) can differentially stimulate both the transition of substrate to aerial mycelia and the leukaemomycin biosynthesis in *Streptomyces griseus* IMET JA 5142/86.

It is an intriguing finding that differentiation-inducing factors acting on anthracycline-producing *Streptomyces griseus* can be produced by quite another strain of *Streptomyces griseus*, too, which instead of leukaemomycin yields an aminoglycoside antibiotic. Thus, the presented screening method appears potentially useful for mass screening and suitable for the detection of novel autoregulators and bioregulators of differentiation and secondary metabolism. This was demonstrated by the fact that its use led to the discovery of novel compounds different from the well-known autoregulators mentioned above.

At present, the chemical structure and the mechanisms of action of these developmental effectors are under investigation in order to determine the importance of their effects on anthracycline production.

Acknowledgements

The authors are very grateful to DB GISBERT SCHUMANN and DB CORNELIA STENGEL for supplying mutants after mutagenic treatment experiments and to Dr. M. ROTH for mutant LM 7 of the streptomycin-producer *Streptomyces griseus*. Thanks are also due to Chem.-Ing. G. REINHARDT for thin-layer chromatographic experiments.

References

DELIC, V., PIGAC, I. and SERMONTI, G., 1969. Detection and study of cosynthesis of tetracycline antibiotics by an agar method. J. gen. Microbiol., **55**, 103–108.

ENSIGN, J. C., GRUND, A. D. and COLEMAN, R. H., 1980. Differentiation of actinomycetes: Do antibiotics play a role. Actinomycetes, **15**, 72–82.

ERITT, I., SCHUMANN, G. and FLECK, W., 1981. Fertility mutants of the turimycin-producing *Streptomyces hygroscopicus* IMET JA 6599. Z. Allg. Mikrobiol., **21**, 27–34.

FLECK, W. and STRAUSS, D., 1975. Leukaemomycin, an antibiotic with antitumor activity. I. Screening, fermentation und biological activity. Z. Allg. Mikrobiol., **15**, 495–503.

GRÄFE, U. ROTH, M., CHRISTNER, A. and BORMANN, E. J., 1981. Biochemical characteristics of non-streptomycin-producing mutants of *Streptomyces griseus*. I. Role of NAD(P)-glycohydrolase in cell differentiation. Z. Allg. Mikrobiol., **21**, 633–642.

KIRBY, R., WRIGHT, L. F. and HOPWOOD, D. A., 1975. Plasmid determined antibiotic synthesis and resistance in *Streptomyces coelicolor*. Nature, **254** (5497), 265–267.

KALAKOUTSKI, K. V. and AGRE. N. S., 1976. Comparative aspects of development and differentiation in actinomycetes. Bacteriol. Rev., **40**, 469–524.

KHOKHLOV, A. S., TOVAROVA, I. I., BORISOVA, L. N., PLINER, S. A., SEVCENKO, L. N., KORNITSKAYA, E. J., JOKINA, M. S. und RAPOPORT, I. A., 1967. Der A-Faktor, der die Biosynthese von Streptomycin bei der Mutante von *Actinomyces streptomycini* stimuliert. Doklad. Akad. Nauk SSR, **177**, 232–235.

KNÖLL, H., BRADLER, G., SCHICHT, G. und FORBBRG, W., 1981. Das Autoselect-System – ein Automatensystem zur Selektion von Antibioticaproduzenten. I. Methodische Grundlagen und Umfang des Systems. Acta Biotechnologica, **1**, 63–70.

MCCANN, P. A. and POGELL, B. M., 1979. Pamamycin: A new antibiotic and stimulator of aerial mycelia formation. J. Antib., **32**, 673–78.

MILLER, PH. A., SJOLANDER, N. O., NALESNYK, ST., ARNOLD, N., JOHNSON, S., DOERSCHUK, A. P., and MCCORMICK, J. R. D., 1960. Cosynthetic factor I, a factor involved in hydrogen-transfer in *Streptomyces aureofaciens*. J. Amer. Chem. Soc., **82**, 5002–5003.

POGELL, B. M., 1979. Regulation of serial mycelium formation in streptomycetes. Proceedings G/M 78, 218–24.

SCHLEGEL, B. and FLECK, W. F., 1980. New anthracycline antibiotics produced by interspecific recombinants of Streptomycetes. I. Selection of *Streptomyces violaceus subsp. iremyceticus*, an iremycin-producing subspecies. Z. Allg. Mikrobiol., **20**, 527–530.

SCRIBNER, II, H. E., TANG, T. and BRADLEY, S. G., 1973. Production of a sporulation pigment by *Streptomyces venezuelae*. Appl. Microbiol., **25**, 873–79.

SZABO, G., VALYI-NAGY, T. and VITALIS, S., 1967. An endogenous factor regulating the life cycle of *Streptomyces griseus*. Acta biol. Acad. Sci. Hung., **18**, 237–243.

TOVAROVA, I. I., KORNITSKAYA, E. J., PLINER, S. A., SEVCENKO, L. A., ANISOVA, L. N. und KHOKHLOV, A. S., 1970. Über die Rolle des A-Faktors in der Biosynthese des Streptomycin. Isvestija Akad. Nauk SSR (Serie Biologie), **3**, 427–434.

WAGNER, CH., STENGEL, C., ERITT, I., SCHUMANN, G. und FLECK, W., 1981. Leukaemomycin-geblockte Mutanten des *Streptomyces griseus* und ihre Pigmente. Z. Allg. Mikrobiol., **21**, 751–760.

ZENDEM, Z., TOVAROVA, I. I., LEBEDEV, J., KHOKHLOV, A. S. und LUCKNER, M. 1980. Der Einfluß des P-Faktors auf den Alkaloidstoffwechsel von *Penicillium cyclopium*. 13. Kongreß der Pharmazeutischen Gesellschaft der DDR, Leipzig, 3.–5. 11. 1980, Autorreferate I/19.

Mailing address: Dr. habil. W. F. FLECK
Zentralinstitut für Mikrobiologie und
experimentelle Therapie der AdW
DDR-6900 Jena, Beutenbergstraße 11

Zeitschrift für Allgemeine Mikrobiologie	22	2	1982	97–106

(Akademie der Wissenschaften der DDR,
Forschungszentrum für Molekularbiologie und Medizin,
Zentralinstitut für Mikrobiologie und experimentelle Therapie, Jena,
Direktor: Prof. Dr. rer. nat. habil. U. TAUBENECK[1]) und
VEB Jenapharm, Jena, Biologische Laboratorien[2])

Biochemical characteristics of non-streptomycin-producing mutants of *Streptomyces griseus*

II. Lipids and fatty acid composition of vegetative mycelia

U. GRÄFE[1]), G. REINHARDT[1]), D. KREBS[1]), M. ROTH[1]) and E. J. BORMANN[2])

(Eingegangen am 25. 5. 1981)

Five non-streptomycin-producing non-aerial-mycelium-forming mutants (Str⁻Amy⁻) of *Streptomyces griseus* obtained either by spontaneous degeneration or during continuous cultivation of the high-producing aerial-mycelium-forming parent strain HP (Str⁺Amy⁺) were checked with regard to the composition of mycelial lipid material. All the Str⁻Amy⁻ derivatives differed from their ancestor strain HP by an increased ratio of 12-methyltetradecanoic acid (aC15:0) to iso-palmitic acid (iC16:0) during growth on a chemically defined medium lacking branched-chain amino acids. This finding attests alterations in the availability of precursors for the biosynthesis of methyl-branched fatty acids. The qualitative composition of phospholipids and other polar lipids in one mutant group was found to be similar to the progenitor strain but, additionally, both a yellow pigment and a neutral lipid component were produced in excess. A second type of mutant differed by its incapability to form ornithinolipids even under phosphate limitation. Changes of phospholipid composition were demonstrated in the course of fermentation. Formation of ornithinolipid was suppressed by an excess of inorganic phosphate in the medium, while the portions of phosphatidylethanolamine and cardiolipin increased strongly. Furthermore, the formation of ornithinolipids was influenced by nitrogen sources. These results suggest that the composition of membrane of *S. griseus* varies in dependence upon the composition of the medium and the age of the mycelium.

Precedingly, the non-aerial-mycelium-forming (Amy⁻) and non-streptomycin-producing (Str⁻) derivatives LM 1, LM 2, LM 5, LM 6 and LM 7 of the industrial streptomycin-producing strain HP of *Streptomyces griseus* (Str⁺Amy⁺) were reported to differ from their genetic ancestor by very low intra- and extracellular levels of the NAD(P)-glycohydrolase (GRÄFE *et al.* 1981). This work was undertaken in order to biochemically characterize the Str⁻Amy⁻ mutants obtained by spontaneous degeneration (LM 1, LM 2) or during continuous cultivation in a glycerol-limited chemostat (ROTH *et al.* in preparation). These strains appeared as particularly useful models for studies on the biochemical background of the spontaneous variability of streptomycetes whose true causes still await detailed elucidation (CHATER 1979, OKANISHI 1979, POGELL 1979, HOPWOOD 1978). Therefore, the lack of NAD(P)-glycohydrolase production in Str⁻Amy⁻ strains (GRÄFE *et al.* 1981) prompted us to investigate the composition of the mycelial lipid fraction since the production of extracellular enzymes of Gram-positive bacteria has been shown to depend on the composition of the cytoplasmic membrane (RAMALEY 1979). It was the aim of this work to obtain more information about the differences between the Str⁻Amy⁻ derivatives and their ancestor, because we suppose that the genetic alterations during degeneration of strain HP were relatively small.

Materials and methods

Strains: All strains used in this work were described elsewhere (GRÄFE *et al.* 1981).

Conditions of cultivation: Agar slant cultures were prepared as described by GRÄFE *et al.* (1981). Appropriate 8 days emerged mycelia were used for inoculum preparation using media PM and SM, respectively, which were composed as follows:

PM medium ($g \cdot l^{-1}$): D-glucose 25 (sterilized separately by heat), soya peptone OXOID 10, $CaCO_3$ 1, $(NH_4)_2SO_4$ 1, NaCl 0.5, $FeCl_3$ 0.02, $MgCl_2 \cdot 6\,H_2O$ 0.3, $MnSO_4 \cdot 2\,H_2O$ 0.016, $ZnCl_2$ 0.005, pH 6.2 (prior to sterilization).

SM medium ($g \cdot l^{-1}$): D-glucose 25 (sterilized separately by heat), KH_2PO_4 0.5, NaCl 2.5, $(NH_4)_2SO_4$ 3, L-glutamic acid 1, D,L-alanine, D,L-aspartic acid 1, $FeCl_3$ 0.005, $MgCl_2 \cdot 6\,H_2O$ 0.04, $MnSO_4 \cdot 2\,H_2O$ 0.02, $CaCl_2 \cdot 6\,H_2O$ 2, $CaCO_3$ 1, pH 6.2 (prior to sterilization). 5 ml of precultures grown for 48 h at 28 °C were used for inoculation of media PM and SM. The cultures were shaken on rotary shakers at 25 °C in 500 ml flasks containing 80 ml of medium (240 r.p.m., 5 cm stroke).

Extraction of lipid material and analysis: Freshly harvested mycelia were extracted twice with methanol/$CHCl_3$ (2:1, v/v). The lipids were separated by FOLCH's procedure and dried over $CaCl_2$ (anhydrous) in a vacuum desiccator, weighted and aliquoted with $CHCl_3$ to make equal concentrations. This part of the lipid material was applied to TLC on silica gel sheets (MERCK Darmstadt, F.R.G.) or TLC plates precoated with silica gel H (MERCK Darmstadt, F.R.G.). The chromatograms were developed with $CHCl_3$/methanol/H_2O (65:25:4, v/v) for the separation of phospholipids. Aminolipids were stained with ninhydrin/collidine reagent, phospholipids were detected with VASKOVSKI's reagent (KATES 1972). The neutral lipids were separated on Silufol sheets (KAVALIER/CSSR) by use of *n*-hexane/diethylether/acetic acid (80:20:1, v/v, two times run) as solvent. Staining was performed with phosphomolybdic acid. Phosphatidylethanolamine and cardiolipin were identified through parallel application of commercial samples of both phospholipids (KOCH LIGHT Ltd., England). From the chromatograms of the polar lipids on silica gel H, the zones of ornithinolipids were scraped off from the layer, and hydrolysis was performed with 6 M HCl (110 °C, 48 h). For the detection of ornithine, the products of hydrolysis were chromatographed two-dimensionally on cellulose plates (precoated sheets, VEB Spezialpapierfabrik Niederschlag, G.D.R.) according to ARX and NEHER (1963) as has been previously described (GRÄFE *et al.* 1982).

The neutral lipid component referred to as 'RL', present in all mycelium extracts and in the medium, was chromatographed on Silufol sheets (KAVALIER/CSSR) using benzene/acetone (5:3, v/v). Staining with 1% vanillin in conc. H_2SO_4 yielded scarlet-red spots. RL was also extracted from the medium and aliquoted amounts of extracts were subjected to TLC.

Gas chromatographic investigations: Another part of the extracted lipid material was treated with 2.5% HCl in methanol for 48 h in order to prepare the methyl esters of fatty acids of lipids (KATES 1972). The esters were subjected to GC analysis which was carried out with a gas chromatograph model GCHF-13.3 (VEB CHROMATRON Leipzig) equipped with a flame ionization detector and a glass column (3 m × 3 mm i.d.) containing 3% DEGS on Chromosorb G (80–100 mesh). The column was operated isothermically at 165 °C, the temperature of the injector was 220 °C, that of the detector 220 °C. Nitrogen was used as carrier gas with a flow rate of 35 ml/min.

Results

GC analysis of mycelial fatty acids

As shown in Table 1, during growth on SM medium which lacks branched-chain amino acids as valine, isoleucine and leucine, all the Str^-Amy^- mutants (LM 1, LM 2, LM 5, LM 6 and LM 7) were distinguished from the original strain HP by the changed ratio of 12-methyltetradecanoic acid (aC15:0) to isopalmitic acid (iC16:0; 14-methylpentadecanoic acid). Obviously, the ratio of aC15:0 to iC16:0 was shifted from approx. 1-1.2 in the HP strain towards much higher values in the non-aerial mycelium-forming and non-streptomycin-producing derivatives. This finding is compatible with the decreased synthesis of the iC16:0 fatty acid by the Str^-Amy^- strains. Thus, in agreement with the above contention no differences were found in the fatty acid spectra of Amy^- and Amy^+ strains during growth on PM medium.

Table 1

Representative composition of fatty acids of *Streptomyces griseus* strains HP (Str$^+$Amy$^+$) and its Str$^-$Amy$^-$ derivatives LM 1, LM 2, LM 5, LM 6 and LM 7 during submerged growth on SM medium (abbreviations: h, age of cultures in hours; bm, biomass in g · l^{-1}; iC14:0, 12-methyltridecanoic acid; C14:0, tetradecanoic acid; aC15:0, 12-methyltetradecanoic acid; iC16:0, 14-methylpentadecanoic acid, isopalmitic acid; C16:0, palmitic acid; C16:1/aC17:0, non-separated peak of hexadecenic acid and 14-methylhexadecanoic acid; C18:0, stearic acid; C18:1 oleic acid; C18:2, linoleic acid; UI: unidentified)

strain	h	bm	fatty acids (%)										
			iC14:0	C14:0	aC15:0	iC16:0	C16:0	C16:1 aC17:0	C18:0	C18:1	C18:2	UI	aC15:0 / iC16:0
HP	24	0.5	9.3	2.2	22.2	21.2	13.9	17.5	2.2	3.6	1.5	6	1.04
	48	1.0	6.7	1.7	25.2	20.6	14.1	14.2	2.7	3.6	6.9	3	1.2
	72	2.1	7.1	2.2	24.2	21.7	10.6	9.0	5.5	1.2	7.5	11	1.1
LM1	24	0.3	8.1	1.6	34.2	21	14.1	7.3	1.2	2.1	3.9	—	1.6
	48	1.1	5.2	0.8	34.6	17.9	12.3	19.2	1.3	2.4	2.9	—	1.9
	72	2.3	5.7	0.7	37.2	17.2	10.2	21.2	1.1	1.5	1.8	—	2.15
LM2	24	0.3	7.1	1.3	28.6	18.9	17.3	17.4	3.0	0.5	—	—	1.5
	48	1.8	2.8	—	23.8	5.9	11.3	7.7	—	2.0	—	—	4.0
	72	2.5	9.0	1.7	42.5	18.4	11.1	17.3	—	—	—	—	2.3
LM5	24	1.2	7.8	2	26.9	18.q	19.3	18.4	1.4	1.3	0.6	2	1.45
	48	4.1	6.5	2.1	31.9	17.2	18.3	14.1	1.9	2.3	2.1	2	1.85
	72	4.1	7.5	1.6	38.7	16.4	16.5	12.9	1.5	—	0.6	2	2.35
LM6	24	0.3	5.4	1.5	27.5	14.5	12.4	17.6	1.2	2.2	—	3.9	1.89
	48	1.8	7.1	2	32	17	12.9	14.2	2.1	3.3	4.3	2.1	1.87
	72	2.8	8.1	2.2	31.3	18.5	11.2	13.8	4.0	2.6	2.6	3.2	1.75
LM7	24	1.2	6.7	1.6	32	18.3	11.4	20.5	3.4	1.7	2.3	2.9	1.74
	48	3.2	5.7	1.5	23.7	14.7	12.6	23.5	3.6	7.3	3.6	1.7	1.61
	72	3.6	7.2	1.2	32.2	22.1	11.1	16.9	4.7	1.1	2.3	2.3	1.45

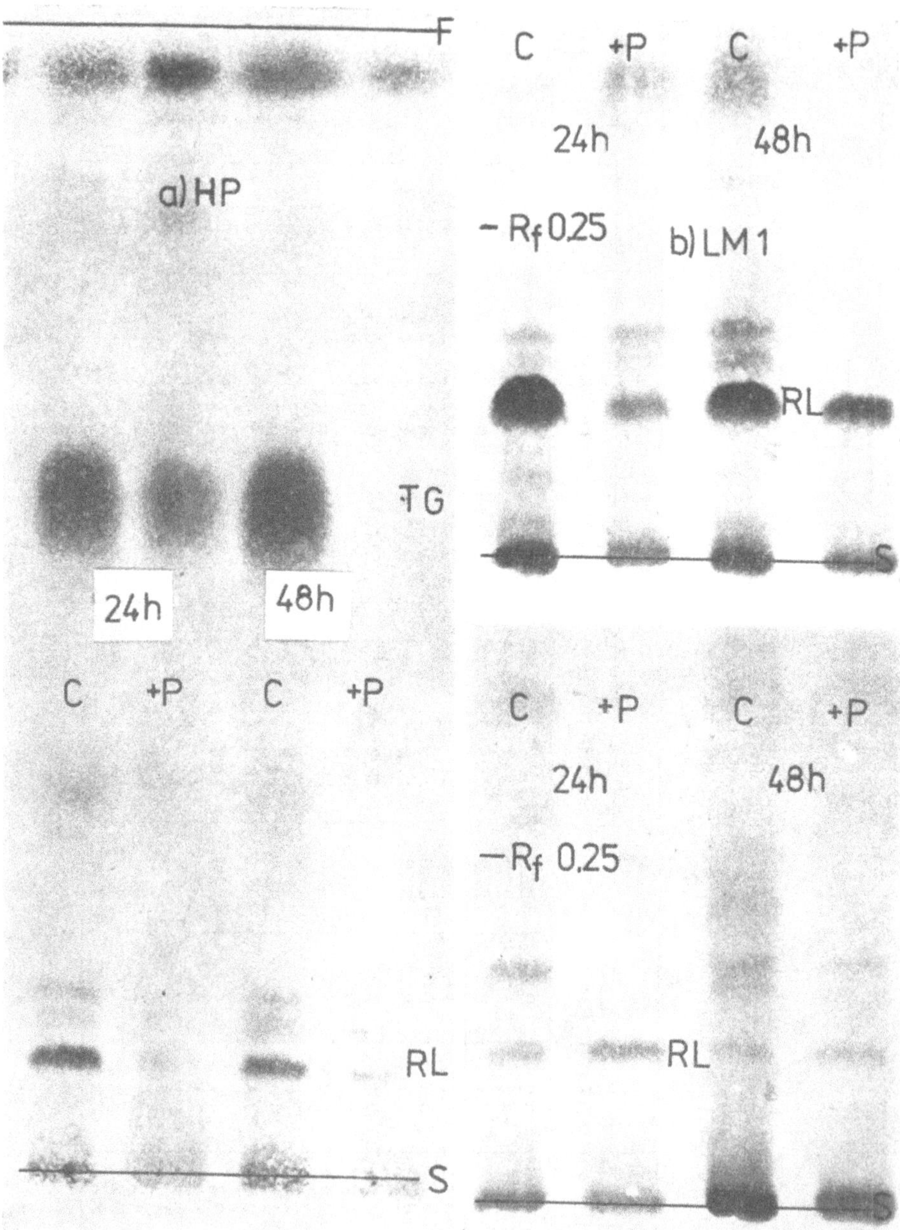

Fig. 1. TLC of neutral lipid components of *Streptomyces griseus*. a) strain HP (Str^+Amy^+); b) strain LM 1 (Str^-Amy^-); c) strain LM 2 (Str^-Amy^-). Abbreviations: C: control, PM medium; +P: PM medium + 0.4% KH_2PO_4 zero hour; RL: neutral lipid component RL. Application each 0.1 mg of lipids; staining with phosphomolybdic acid. S: start; F: solvent front; TG: triglycerols. In Figs. 1 b and 1 c, upper parts of chromatograms were omitted

Mycelial lipid compositions

In order to characterize the mycelial lipid compositions, the lipids were extracted from mycelia grown on the complex soluble peptone medium PM under excessive supply with amino nitrogen. The employment of this medium appeared as particularly useful since under these conditions one can observe the formation of ornithinolipids as well as the suppressory effect of inorganic phosphate thereon (BATRAKOV and BERGELSON 1978).

Neutral lipids

Fig. 1 demonstrates the composition of neutral lipids of strains HP, LM 1 and LM 2 as detected by TLC of aliquoted amounts of lipid material. All strains including

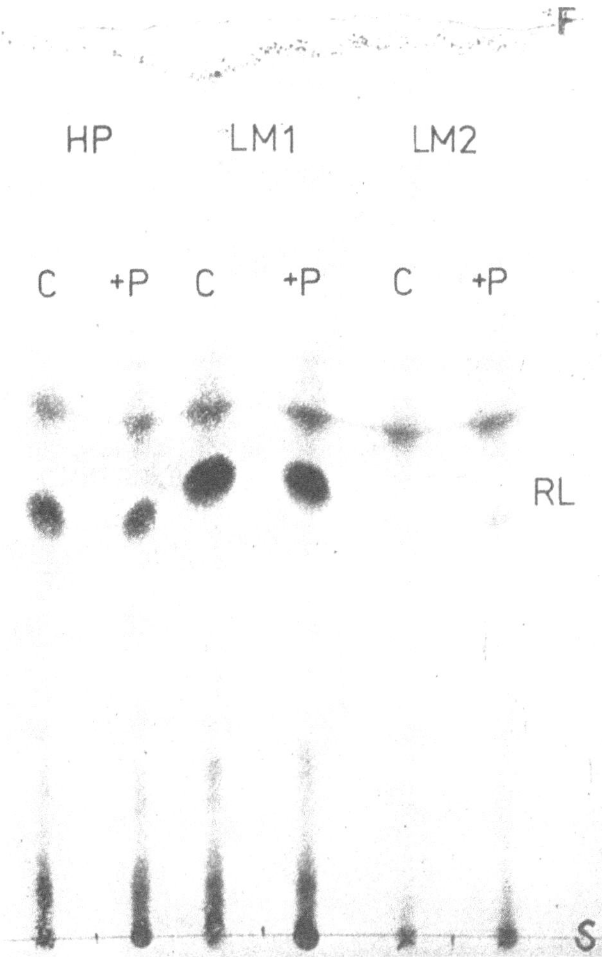

Fig. 2. Different excretion of neutral lipid component RL into the culture medium by strains HP, LM 1 and LM 2. TLC of aliquoted $CHCl_3$ extracts of the medium of 48 h cultures on PM medium (Silufol, $CHCl_3$/acetic acid; 97:3, v/v; phosphomolybdic acid stain). C: control, medium PM without additional phosphate; +P: PM medium + 0.4% KH_2PO_4 added at zero hour

LM 5, LM 6 and LM 7 (not shown here) displayed similar qualitative composition of neutral lipids, but quantitative differences became evident both in the course of fermentation and in the individual strains. Particularly, these concerned the production of a neutral lipid component referred to as 'RL', possessing a weak antimicrobial activity against Gram-positive bacteria. Strains LM 1, LM 5, LM 6, and LM 7 produced increased amounts of RL while the mutant LM 2 contained only traces as compared with the ancestor strain HP.

By adding 0.4% KH_2PO_4 to PM medium, the formation of RL could be drastically reduced suggesting that its biosynthesis follows a pattern similar as one knows for the regulation of secondary metabolite production. As displayed in Fig. 2, except for the strain LM 2 all the Str^-Amy^- strains excreted much higher amounts of RL into the medium (shown for strain LM 1) than the progenitor strain HP. Production of a yellow pigment could be observed during growth of strains LM 1, LM 5, LM 6, and LM 7 on emerged CM medium as a further characteristic (GRÄFE *et al.* 1981).

Aminolipids and the effect of phosphate and nitrogen sources on their formation

During growth on PM medium supplied with less than 0.1 $g \cdot l^{-1}$ of KH_2PO_4, phosphatidylethanolamine (PEt) and ornithinolipid (OL) formed the main constituents of the aminolipid fraction of all strains with the exception of strain LM 2 which completely lacked the capacity to ornithinolipid formation (Fig. 3). In the course of fermentation, the levels of PEt and OL declined markedly, suggesting an increase of the portion of nonpolar lipids. In full accord with findings of KONOVA *et al.* (1978) who investigated the influence of phosphate upon phospholipid composition of *S. olivaceus*, in the strain HP and its Str^-Amy^- mutants suppression by 0.2–4 $g \cdot l^{-1}$ of KH_2PO_4 (added at zero hour) of ornithinolipid formation was observed. Concomitantly, the proportion of phosphatidylethanolamine rose strongly within the total lipid pool (Fig. 3) of all strains. As shown in Fig. 4, during cultivation on SM medium containing limiting amounts of KH_2PO_4 (0.1 $g \cdot l^{-1}$, the same in the preculture), the strain HP as well its mutants LM 1, LM 5, LM 6, and LM 7 (not shown here)

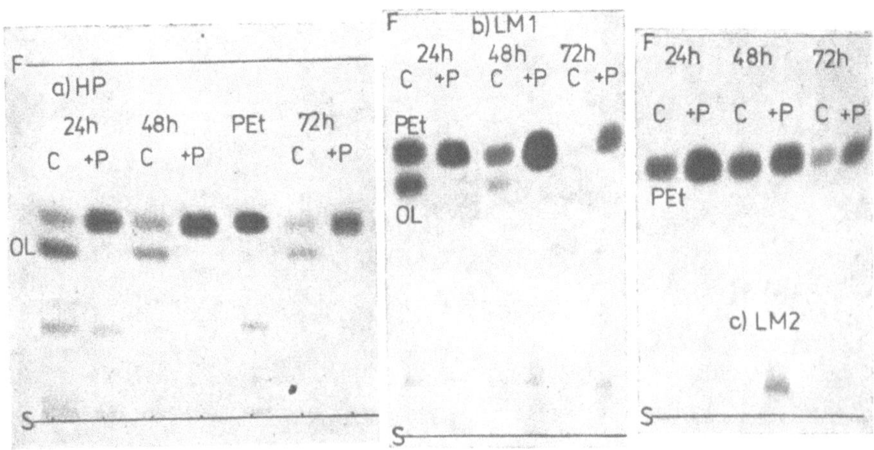

Fig. 3. TLC of mycelial aminolipids of *Streptomyces griseus*. a) strain HP (Str^+Amy^+); b) strain LM 1 (Str^- Amy^-); c) strain LM 2 (Str^-Amy^-). Abbreviations: PEt: phosphatidylethanolamine; OL: ornithinolipid; C: control, PM medium; +P: PM medium + 0.4% KH_2PO_4, application each 0.1 mg of lipid material

produced only trace amounts of ornithinolipids. When amino acids were omitted, PEt constituted for the only nitrogen-containing lipid suggesting that the formation of ornithinolipids is subject to control by both inorganic phosphate and nitrogen sources. Under these conditions, too, excess of phosphate brought about considerable increase of the portion of phosphatidylethanolamine (Fig. 4).

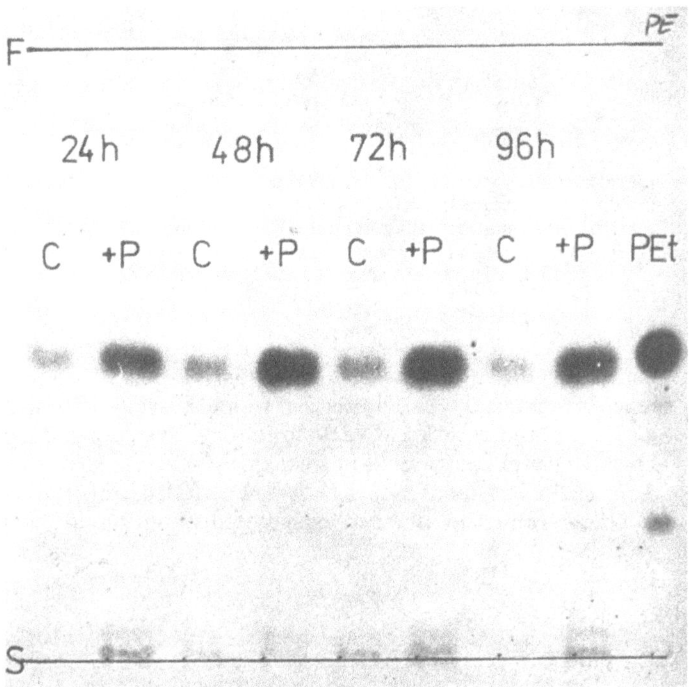

Fig. 4. Aminolipids of *Streptomyces griseus* HP during growth on SM medium supplied with 0.01% KH_2PO_4 (the same in the preculture). Abbreviations: C: control, SM medium; +P: SM medium + 0.4% KH_2PO_4; PEt: phosphatidylethanolamine

Other phosphorous-containing lipids

Qualitative equivalence was demonstrated between strain HP and its Str^-Amy^- derivatives also with regard to the composition of the total phospholipid fraction (Fig. 5). Cardiolipin (CL, diphosphatidylglycerols) was present in all strains in addition to phosphatidylethanolamine (PEt) and traces of a further phospholipid, probably phosphatidylinositol (PI). The levels of CL and PEt declined in the course of fermentation, but strain LM 2 possessed increased levels of both phospholipids compensating for the lack of ornithinolipid. An increase of phosphate concentration (up to 0.4% KH_2PO_4) led to a concomitant increase of the portion of phospholipids (CL and PEt) in all strains. Since equivalent amounts of lipid material were applied, this necessarily indicates a decrease of the cellular level of the neutral lipids under phosphate influence. Formation of yellow pigments and neutral lipids in greater amounts was a characteristic of 72 h cultures of strain LM 1. Under the conditions used in Fig. 5, both OL and CL possessed similar Rf values, but the former did not stain with VASKOVSKI's reagent (BATRAKOV and BERGELSON 1978), thus enabling selective detection of cardiolipin.

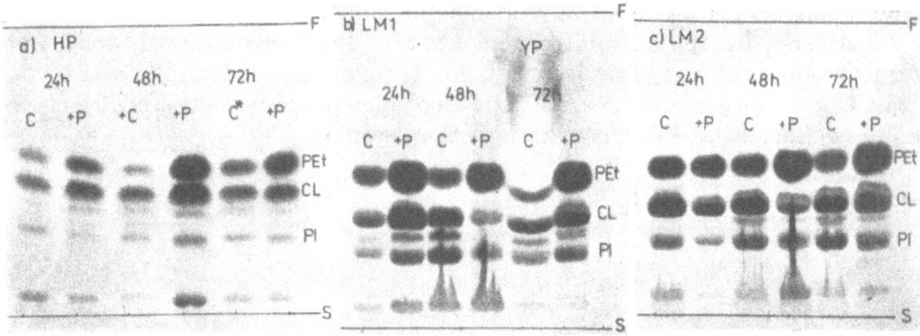

Fig. 5. TLC of phosphorous-containing lipids of *Streptomyces griseus*. a) strain HP (Str^+Amy^+) b) strain LM 1 (Str^-Amy^-); c) strain LM 2 (Str^-Amy^-). C: control, PM medium; +P: PM medium + 0.4% KH_2PO_4; PEt: phosphatidylethanolamine; CL: cardiolipin; PI: phosphatidylinositol. Application: each 0.1 mg of lipids, exception was signed with (+) for 0.2 mg of lipids were applied. YP: yellow pigments and neutral lipids

Discussion

The above results demonstrate that Str^-Amy^- derivatives of *Streptomyces griseus* HP possess some biochemical characteristics which distinguish them from their progenitor, *e. g.*, the altered ratio of aC15:0 to iC16:0 fatty acids during growth on SM medium, the capacity of ornithinolipid formation (strain LM 2), the overproduction of the neutral lipid component RL (LM 1, LM 5, LM 6, and LM 7), the production of yellow pigments and the changed ratios of different lipids in the course of fermentation (Table 2).

Table 2

Properties of Str^+Amy^+ strain HP and its Str^-Amy^- mutants LM 1, LM 2, LM 5, LM 6 and LM 7 (abbreviations: aC15:0 to iC16:0: ratio of fatty acids, see Table 1; RL: neutral lipid component; OL: ornithinolipids; +: present; −: absent)

strain	NAD(P)-glycohydrolase	aC15:0 to iC16:0	yellow pigments	RL	OL	phosphate inhibition OL	phosphate stimulation PEt/CL
HP	+	~ 1	+	normal	+	+	+
LM 1	−	$\gg 1$	+	increased	+	+	+
LM 2	−	$\gg 1$	−	traces	−	−	+
LM 5	−	$\gg 1$	+	increased	+	+	+
LM 6	−	$\gg 1$	+	increased	+	+	+
LM 7	−	$\gg 1$	+	increased	+	+	+

As far as the ratio of 12-methyltetradecanoic acid (aC15:0) to isopalmitic acid (iC16:0) is concerned, adequate differences between Amy^+ and Amy^- strains were observed, too, with *Streptomyces hygroscopicus* JA 6599, a macrolide-producing organism (GRÄFE *et al.* 1982). Therefore, these findings suggest that the ratio of both fatty acids plays a certain role in maintaining several membrane-associated functions which are necessary both for the transport of nutrients and morphological differentiation. It appears tempting to suppose that during glycerol-limited chemostat cultivation with ammonium ions as sole source of nitrogen membrane-deregulated derivatives may have an advantage over their progenitor due to the improved influx of the limiting carbon source. Under the conditions of limitation for branched-chain amino acids, alteration of membrane composition as expressed by the changed ratio of the aC15:0 to iC16:0 fatty acids may be achieved either by changes in the biosynthesis of valine and isoleucine or by altered decarboxylation of the methyl-branched 2-ketoacids yielding the fatty acid precursors isobutyryl and 2-methyl-butyryl coenzyme A (MACHTINGER and FOX 1973). Hence, the formation of this multienzyme complex or other enzymes of biosynthesis of the methyl-branched amino acids appears as a possible target for the control of differentiation and secondary metabolism (WILLECKE and PARDEE 1971). Thus, in every case a shifted ratio of aC15:0 to iC16:0 fatty acids during growth on SM medium was correlated to the loss of aerial mycelium formation and production of antibiotics. Therefore, it can be supposed that the spontaneous variability of streptomycetes (KALAKOUTSKI and NIKITINA 1980) can be caused by changes at this level, but a great number of other factors might be involved, too.

Further attention may be focused to the fact that an excess of inorganic phosphate in the medium caused severe alterations of lipid composition in *Streptomyces griseus*. Thus, phosphate in excess brought about both suppression of ornithinolipid formation and an increase of the portion of polar lipids. Seen in this light, it appears promising to claim that changes of membrane-committed functions might be involved in the known effects of inorganic phosphate and nitrogen sources on the expression of secondary metabolism (MARTIN 1977), AHARONOWITZ 1980). But obviously, these special connections require more thorough investigations.

Acknowledgements

The authors gratefully acknowledge the technical assistance of Mrs. R. PASCHOLDT, C. WENTZKE, K. GAUBE and G. BERGTER.

References

AHARONOWITZ, Y. 1980. Nitrogen metabolite regulation of antibiotic biosynthesis. Ann. Rev. Microbiol., **34**, 209–233.

ARX, E., von, und NEHER, R., 1963. Eine multidimensionale Technik zur chromatographischen Identifizierung von Aminosäuren. J. Chromatogr., **12**, 329–341.

BATRAKOV, S. G. and BERGELSON, L. D., 1978. Lipids of streptomycetes. Structural investigation and biological interrelation. Chem. Phys. Lipids, **21**, 1–29.

CHATER, K. F., 1979. Some recent developments in *streptomyces* genetics. Genet. Ind. Microorg., 123–133.

GRÄFE, U., ROTH, M., CHRISTNER, A. and BORMANN, E. J., 1981. Biochemical characteristics of non-streptomycin-producing mutants of *Streptomyces griseus*. I. Role of NAD(P)-glycohydrolase in cell differentiation. Z. Allg. Mikrobiol., **21**, 633–642.

GRÄFE, U., REINHARDT, G., KREBS, D., ROTH, M. and NOACK, D., 1982. Altered lipid composition in a non-differentiating derivative of *Streptomyces hygroscopicus*. J. gen. Microbiol. (submitted for publication).

HOPWOOD, D. A., 1978. Extrachromosomally determined antibiotic production. Ann. Rev. Microbiol., **32**, 373–392.

KALAKOUTSKI, L. V. and NIKITINA, E. T., 1980. Accumulation of spontaneous variants in laboratory cultures of actinomycetes. Actinomycetes, **15**, 83–99.

KATES, M., 1972. Techniques of lipidology. In: Laboratory Techniques in Biochemistry and Molecular Biology (Eds. WORK, T. S. and WORK, E.), pp. 275–361. North Holland Publishing Company.

KONOVA, I. V., KASIMBEKOVA, C. K., MIYUSHINA, L. L., BATRAKOV, C. G. and BECHTEREVA, M. N., 1978. Influence of phosphate on composition of polar lipids of *Actinomyces olivaceus*. Izv. Akad. Nauk SSSR. Ser. biol. (Moscow), 283–293.

MACHTINGER, N. A. and FOX, C. F., 1973. Biochemistry of bacterial membranes. Ann. Rev. Biochem., **42**, 575–600.

MARTIN, J. F., 1977. Control of antibiotic synthesis by phosphate. Adv. Biochem. Engin., **6**, 105–127.

Okanishi, M., 1979. Plasmids and antibiotic synthesis in streptomycetes. Genet. Ind. Microorg., pp. 134–140.

Pogell, B. B., 1979. Regulation of aerial mycelium formation in streptomycetes. Genet. Ind. Microorg., pp. 218–224.

Ramaley, R. F., 1979. Molecular biology of extracellular enzymes. Adv. Appl. Microbiol., **25**, 37–55.

Willecke, K. and Pardee, A. B., 1971. Fatty acid requiring mutants of *Bacillus subtilis* defective in branched chain 2-ketoacid dehydrogenase. J. biol. Chemistry, **246**, 5264–5272.

Mailing address: Dr. U. Gräfe
Zentralinstitut für Mikrobiologie und
experimentelle Therapie der AdW
DDR-6900 Jena, Beutenbergstrasse 11

Zeitschrift für Allgemeine Mikrobiologie	22	2	1982	107–117

(Institut für Mikrobiologie und Landeskultur — Mikrobiologie — Justus-Liebig-Universität Giessen)

Formation of fertile aerial mycelium within asporogenous streptomycetes as induced by fungal metabolites

E. Küster and H. S. H. Attaby[1])

(Eingegangen am 20. 5. 1981)

Asporogenous streptomycetes, e. g. *Streptomyces flavochromogenes* and *S. luteolutescens*, become able to form fertile aerial mycelium when they are cultivated in close contact with fungi. This may be caused by the production and secretion of fungal metabolites which induce or stimulate the aerial mycelium formation. An attempt was made to characterize the stimulatory factor. Among the numerous fungi tested the most active ones were *Cladosporium cladosporioides* and *Drechslera erythrospila*.

Streptomycetes usually consist of vegetative and aerial mycelium as well, the latter bearing conidia. *Streptomyces* species have also been described which never show any fertile aerial mycelium (e. g. *Streptomyces alboflavus*, *S. verne*). Occasionally asporogenous strains occur which may be considered to be mutants of spore-forming species. Finally, some streptomycetes may lose their capacity to sporulate after repeated cultivation on synthetic media. It is well-known that the formation of aerial mycelium and conidia often depends on cultural conditions, nutrients, pH, light and the like.

In the course of a study on *S. rimosus* it was observed that asporogenous strains started the formation of aerial mycelium and conidia when growing on culture media contaminated with a fungus. Aerial mycelium was produced first on that side of the colony which was next to the fungal colony. It was supposed that one or more metabolic products of the contaminant are responsible for the appearance of aerial mycelium and conidia of the asporogenous streptomycetes.

Consequently, this work has been planned in order to attain the following purpose:

1. Induction of aerial mycelium formation and conidiation of some *Streptomyces spp.* which are orginally asporogenous, by biological factors.
2. Isolation and identification of the stimulatory factor which is produced by associate microorganisms and secreted into the medium.

The occurrence of infections is one of the factors which cause structural differentitation among actinomycetes. The influence of one microorganism on the sporulation of another one was first recorded by Molliard (1903). It was found that metabolites of some fungi and streptomycetes stimulate aerial mycelium and conidia formation of some asporogenous Streptomycetes species (Dondero and Scotti 1956, Mach 1957, Krassilnikov and Egorova 1960, Scribner *et al.* 1973).

[1]) Present address: Dept. of Botany, University of Cairo, Egypt

Materials and methods

Table 1
List of *Streptomyces* species

No.	Species	
S1	*Streptomyces verne*	DSM 40079
S2	*Streptomyces sclerotialus*	DSM 40269
S3	*Streptomyces flavisclerotícus*	DSM 40270
S4	*Streptomyces glomeroaurantiacus*	DSM 40429
S5	*Streptomyces gedanensis*	DSM 40518
S6	*Streptomyces flavochromogenes*	DSM 40541
S7	*Streptomyces poonensis*	DSM 40596
S8	*Streptomyces violens*	DSM 40597
S9	*Streptomyces luteolutescens*	DSM 40600

DSM = Deutsche Sammlung Mikroorganismen

Table 2

List of active fungi	
(R2)	*Rhodotorula mucilaginosa*
(H6)	*Hansenula anomala*
(S14)	*Saccharomyces cerevisiae*
(K511)	*Cladosporium herbarum*
(K512)	*Cladosporium herbarum*
(K513)	*Cladosporium herbarum*
(K514)	*Cladosporium herbarum*
(K642)	*Cladosporium herbarum*
(K651)	*Cladosporium cladosporioides*
(K652)	*Cladosporium cladosporioides*
(Dr.)	*Drechslera erythrospila*

Selection and combined cultivation of strains: 9 *Streptomyces* species were selected for this study (Tab. 1).

The ISP-descriptions of these species do not indicate any aerial mycelium formation or a very scarce one if at all. 64 fungal species from different genera had been tested in this study, 11 of which showed a stimulatory effect on the above mentioned *Streptomyces* species (Tab. 2).

For the combined growth of both the fungus and the streptomycetes grown discs were put on an agar plate, the fungus disc in the centre and the 9 *Streptomyces*-discs circularly on the edge of the plate. The time of cultivation of both microorganisms together depends on the velocity of growth of the different fungi tested in relation to that of the test *Streptomyces spp.* It was arranged as follows:

1) Both organisms were inoculated at the same time.
2) In the case of fast growing fungi, the streptomycetes were inoculated first and followed by the fungi after three days.
3) On the other hand, a slowly growing fungus, e. g. *Cladosporium*, was inoculated first and followed by the streptomycetes.

Preparation of yeast water and yeast autolysate: Yeast water as well as yeast autolysate were prepared of the three yeast species according to the methods of JØRGENSEN (1956).

Production of fungal filtrate: The fungal mycelium or spores were inoculated in 250 ml ERLENMEYER-flasks each containing 100 ml CZAPEK Broth (pH 7). These flasks were incubated at 25 °C on a shaker table for one week. After the incubation time, the culture solution was sterily filtered through membrane filter (pore size 0.15 µm).

Dialysis: Aliquots of the active fungal filtrates were dialysed using cellophane dialysis tubes (Kalle 42). The pH value of the remaining solutions in the tubes was adjusted to 7.5 before autoclaving.

Isolation of the stimulatory factor: a) The fungal filtrates were extracted in separating funnel using different organic solvents such as chloroform, diethylether, *n*-butanol or acetone, respectively. All the organic extracts as well as the aqueous layer remained after the successive extractions, were evaporated to dryness in a water bath. The residue from each solvent was put into

20 ml water. Traces of solvents were removed by a current of air which was bubbled through the solutions. The pH value was adjusted to 7.5, then the solutions were autoclaved and tested.

b) Aliquots of the fungal filtrates were treated with charcoal and eluted with ethanol. The eluate was evaporated in a waterbath at 40 – 60 °C to dryness, the residue was put into 20 ml water. The pH value of both filtrate and eluate was adjusted to 7.5 before autoclaving. Both solutions were tested for their stimulatory effect.

c) By the use of basic or neutral lead acetate (Harborne 1964).

Amino acid determination by thin layer chromatography (TLC): Amino acids were determined according to the method of Horton *et al.* (1966) which was slightly modified.

Ions (anions and kations) exchange method: The filtrate of the effective fungi as well as of the affected *Streptomyces spp.* (S6 and S9) were fractionated and purified (Heilenz *et al.* 1970).

Thin layer chromatography of sugars and sugar-derivatives: 1) Sugars (Hansen 1975); 2) Amino sugars and hexosamine (Zonneveld 1971); 3) Sugar phosphates (David and Wiesmeyer 1970); 4) Sugar acids and their derivatives (Hay *et al.* 1963).

Results

Czapek agar (pH 7) has proved to be the most suitable medium for both types of test organisms, fungi and streptomycetes, because it did not exhibit any stimulatory effect on streptomycetes by itself. Malt extract agar, on the other hand, was found to be stimulatory on the formation of fertile aerial mycelium of the two *Streptomyces* strains S6 and S9. Eleven fungal species (Tab. 2) stimulated growth and conidiation of these two streptomycetes (Tab. 3) when grown together. The other 7 *Streptomyces* species were not affected at all.

Table 3
The stimulatory effect of the active fungi on two *Streptomyces spp.*

Strept. spp.	Control	Active fungal. str. — Strenght of the fertile aerial mycelium of *Streptomyces* spp.										
		R2	H6	S14	K511	K512	K513	K514	K642	K651	K652	Dr.
S6	–	++	++	++	+	+	+	+	+	++	+	++
S9	(+)	++	++	++	(+)	(+)	(+)	(+)	(+)	++	(+)	++

– = no aerial mycelium (+) = scarcely + = good ++ = very good

The results do not distinguish whether the formation of fertile aerial mycelium of both *Streptomyces spp.*, S6 and S9, is due to the action of the fungal metabolites or to genetic agents. To clarify this point, the following experiment was carried out:

Pieces of the stimulated zones of the colonies of each of the *Streptomyces spp.* were transferred onto Czapek agar and incubated at 28 °C for 3–5 days. The new colonies of each *Streptomyces sp.* did not form aerial mycelium. In other words, the formation of fertile aerial mycelium was stimulated only by fungal metabolites and is not due to genetic factors.

Three of the 11 test fungi were yeasts which seemed to have a stimulatory effect. Yeast water, yeast autolysate and yeast filtrates were prepared and tested in different amounts against the streptomycetes, but without any effect. The filtrates of the other 8 filamentous fungal strains, when mixed in different amounts with the culture medium, were stimulatory to S6 whereas the filtrates of only two fungal strains (K651, Dr.) enhanced the aerial mycelium formation by S9 (Tab. 4). The table also illustrates that the stimulatory effect of the filtrates K651 and Dr. rose with increasing amounts of filtrate (up to 3 ml). The remaining 6 fungal filtrates did not induce aerial mycelial growth for S9, but followed the same trend of K651 and Dr.

Table 4
Effect of various concentrations of filtrates of the 8 active fungal strains on formation of fertile aerial mycelium of *Streptomyces spp.* S6 and S9

Active fungal str.	*Strepto-myces spp.*	ml filtrate per plate						
		0.1	0.5	1.0	2.0	3.0	4.0	5.0
K511	S6	(+)	(+)	(+)	+	++	++	++
	S9	–	–	–	–	–	–	–
K512	S6	(+)	+	+	++	++	++	++
	S9	–	–	–	–	–	–	–
K513	S6	(+)	(+)	+	+	++	++	++
	S9	–	–	–	–	–	–	–
K514	S6	–	(+)	(+)	+	++	++	++
	S9	–	–	–	–	–	–	–
K642	S6	–	(+)	(+)	+	++	++	++
	S9	–	–	–	–	–	–	–
K651	S6	(+)	+	++	++	++	++	++
	S9	(+)	(+)	+	++	++	++	++
K652	S6	–	(+)	(+)	+	++	++	++
	S9	–	–	–	–	–	–	–
Dr.	S6	+	+	+	++	++	++	++
	S9	+	+	+	+	++	++	++

– = no aerial mycelium (+) = scarcely + = good ++ = very good

on S6, though the maximum stimulation started at a higher dose of fungal filtrate (3 ml).

This experiment reveals clearly that only the 8 filamentous fungal strains produced the stimulatory factor that oozed to the external medium. The efficacy of this factor was almost the same either by using fungal filtrate or cultivating the *Streptomyces spp.* in association with the fungus itself.

On the other hand, the yeast strains R2, H6 and S14 exerted their stimulatory effect only when both organisms were cultivated on the same plate. This indicates that these organisms are incapable to secrete their stimulatory factor into liquid media.

Table 5 presents the strength of the fertile aerial mycelium of *Streptomyces spp.* S6 and S9, as affected by the fungal filtrate from differently old cultures. The stimulatory factor, produced by *Cladosporium spp.*, for S6 started to appear in the media from the fourth day of incubation and remained at a high level for one week starting from the seventh day, then it disappeared until the end of the experiment.

The S9-stimulatory factor was only produced by *Cladosporium spp.* K651. It appeared after 4 days and progressively increased to its maximum level during the seventh day of growth and continued for almost one week before it totally disappeared.

The stimulatory factor for both the S6 and S9 produced by Dr. started from the first day of incubation, reached maximum production within 7 days and remained stable at this level until the end of the experimental period (70 days).

To exclude any possible mutual influence of the streptomycetes on each other, the *Streptomyces* strains were cultivated in the following combinations:

1) S4 × S5 5) S5 × S6 8) S6 × S8 10) S8 × S9
2) S4 × S6 6) S5 × S8 9) S6 × S9

3) S4 × S8 7) S5 × S9
4) S4 × S9

Both species of each combination were centrally inoculated in the form of parallel streaks, about 2 cm apart, plates were incubated at 28 °C for 3—5 days.

Table 5
Influence of age of the fungal cultures on the efficiency of the stimulatory factor

Incubation period (in days) for the active fungi	*Strept. spp.*	Active fungal str.							
		Strength of the fertile aerial mycelium							
		K511	K512	K513	K514	K642	K651	K652	Dr.
1	S6	—	—	—	—	—	—	—	(+)
	S9	(+)	(+)	(+)	(+)	(+)	(+)	(+)	(+)
2	S6	—	—	—	—	—	—	—	(+)
	S9	(+)	(+)	(+)	(+)	(+)	(+)	(+)	(+)
4	S6	(+)	(+)	(+)	(+)	(+)	+	(+)	+
	S9	(+)	(+)	(+)	(+)	(+)	+	(+)	+
7	S6	++	++	++	++	++	++	++	++
	S9	(+)	(+)	(+)	(+)	(+)	++	(+)	++
14	S6	++	++	++	++	++	++	++	++
	S9	(+)	(+)	(+)	(+)	(+)	++	(+)	++
21	S6	—	—	—	—	—	—	—	++
	S9	(+)	(+)	(+)	(+)	(+)	(+)	(+)	++
30	S6	—	—	—	—	—	—	—	++
	S9	(+)	(+)	(+)	(+)	(+)	(+)	(+)	++
60	S6	—	—	—	—	—	—	—	++
	S9	(+)	(+)	(+)	(+)	(+)	(+)	(+)	++
70	S6	—	—	—	—	—	—	—	++
	S9	(+)	(+)	(+)	(+)	(+)	(+)	(+)	++

— = no aerial mycelium (+) = scarcely + = good ++ = very good

The results of this trial clearly demonstrated that all the above 10 streptomycetes combinations, except number 8 and 10, seemed to be without effect. In other words, *Streptomyces sp.* S8 favoured a very high stimulatory effect on the formation of aerial mycelium and conidia when combined with S6 or with S9. However, the filtrate of S8 has no stimulatory effect on the formation of fertile aerial mycelium of S6 or S9. It was also noted that this species S8 produced a brown pigment on CZAPEK agar.

In another experiment the effect of temperature and pressure on the stability of the stimulatory factor was examined. The results of this experiment clearly elucidated that the filtrates of the 8 active fungal strains retained their stimulatory effect on the formation of fertile aerial mycelium of S6 and S9 after autoclaving for various lengths of time as well as after steaming.

The filtrates of the 8 active fungal strains were dialyzed following the previously mentioned procedures. The results of this test reveal the fact that the non-dialyzable part seemed to be without effect on the formation of fertile aerial mycelium of S6 and S9. In other words, the remaining solution is free of the stimulatory factor which diffused out from the dialyzer. This permits the possible conclusion that the stimulatory factor is a substance of low molecular weight.

Temptative identification of the stimulatory factor

A number of quinonoid compounds (Tab. 6) were tested for any stimulating effect on the aerial mycelium formation of the two streptomycetes (S 6 and S9) under examination. None of these substances exerted a positive effect. The fungal filtrates were successively extracted with chloroform, diethylether and *n*-butanol or acetone, resp., the active component remained in the aqueous fraction, consequently it is not phenolic in nature. The stimulatory factor of the fungal filtrate is not adsorbed on charcoal, consequently it is not colloidal in nature. The stimulatory factor seemed to show the behaviour of a pH-indicator which is characteristic for flavonoid substances. Flavonoids are precipitated by lead acetate. The filtrates of the active fungi were treated with lead acetate, the stimulatory factor was not precipitated. It has been concluded from these observations that the stimulatory factor is neither phenolic nor colloidal in nature.

Table 6
List of phenols and quinones

Catechol	1,4-Benzoquinone
Guiacol	1,4-Naphtaquinone
Hydroquinone	Anthraquinone
Methylsalicylate	1,4-Dihydroxyanthraquinone
α-naphthol	1,8-Dihydroxyanthraquinone
Phenol	1,5-Dihydroxyanthraquinone
Phloroglucinol	1,2,3-Trihydroxyanthraquinone
Pyrogallol	1,2,4-Trihydroxyanthraquinone
Tannic acid	1,2,7-Trihydroxyanthraquinone
Thymol	1,2,4,5,8-Pentoxyanthraquinone
	1,2,4,5,6,8-Hexaoxyanthraquinone

It was observed from the beginning that malt extract agar (Oxoid) had a strong stimulatory effect on the formation of fertile aerial mycelium of S6 and S9. It was supposed that the amino acid components of the mycological peptone might play a role in this respect.

We used in this investigation one or more of these amino acids in order to establish a possible effect on the formation of fertile aerial mycelium of S6 and S9. Aspartic acid and glutamic acid, either single or in combination with other amino acids, were the only amino acids that stimulated the formation of fertile aerial mycelium of S6 and S9. The filtrates of the 8 active fungi were chromatographed for their amino acid content, but no amino acids were detected. These observations demonstrate that the active component in the fungal filtrates is not an amino acid.

Filtrates of the 8 active fungi were, after chloroform extraction, concentrated and treated with cation and anion exchangers. Four fractions were obtained which were examined for their stimulatory activity. Fraction III which contains all the neutral substances, only showed the stimulatory effect. This fraction was concentrated and chromatographed for its sugar content. The 10 samples from 8 fungi and the 2 streptomycetes contained xylose, rhamnose, and ribose in varied distribution and concentration apart from glucose and fructose. An unidentified spot was common to all the samples tested, except fungus K513 and *Streptomyces* S9. From these observations one cannot definitely conclude that the stimulatory factor belongs to the group of simple carbohydrates since none of the sugars tested was dominant only in all the fungal samples, but not in the two *Streptomyces* samples.

Thin layer chromatography of amino sugars and hexosamines revealed a common pattern of amino sugars and absence of hexosamines in all the 10 analyzed samples. Sugar phosphate tests were also negative.

The detection of sugar acids demonstrated the presence of three common spots in all the tested samples, except S9 where only two spots were apparent. The results of these tests indicate that none of the tested compounds could be expected to be a stimulatory factor because of its presence in both the *Streptomyces* and the fungus.

Discussion

Exogenous as well as endogenous factors are known to control the transference of microorganisms from the vegetative to the reproductive phase, they also influence the duration of these phases. "Unlike the majority of procaryotes, but much like fungi, actinomycetes may form aerial mycelium which in many instances, at least in surface cultures, serves as a prerequisite for sporulation" (KALAKOUTSKII and AGRE 1976).

As a result of mutation or natural variation, a culture of *Streptomyces* may lose the character of aerial mycelium formation which may be associated with a change in the physiology of the organism while the morphological properties of the substrate growth are not changed. Such a culture, under suitable conditions, may regain its original characters, and forms aerial mycelium.

The present investigation revealed that out of 12 culture media tested (synthetic and natural) with different pH values (5–8) CZAPEK-agar (pH 7) was the best for the growth of both fungi and streptomycetes. It was also noticed that this medium is not stimulatory for the formation of aerial mycelium of the tested 9 *Streptomyces* species. Organic media have been found to be more beneficial than synthetic ones. The only culture medium among those tested was malt extract agar (OXOID) containing mycological peptone that stimulated the formation of fertile aerial mycelium of the two *Streptomyces spp.* S6 and S9.

The influence of one microorganism on the stimulation of sporulation of another one was firstly recorded by MOLLIARD (1903) and later by HEALD and POOL (1908). The same effect was recorded on streptomycetes. DONDERO and SCOTTI (1956) found that some asporogenous *Streptomyces spp.* were stimulated and formed aerial mycelium when they were cultivated together and interacted with others on the same medium. Abundant growth and conidia formation of some asporogenous streptomycetes were observed when various fungi were growing on the same substrate (MACH 1957).

Eleven fungal strains had a stimulatory effect on the fertile aerial mycelium formation of only two of the 9 *Streptomyces spp.* tested when both types of organisms grew together on the same substrate (CZAPEK agar). The other 7 *Streptomyces spp.* tested were not affected by any of the tested fungi.

The 5 fungal strains (3 of which were yeasts), R2, H6, S14, K651, and Dr., had an excellent stimulatory effect on both the *Streptomyces spp.* S6 and S9 while the other 6 fungi had a very good effect on S6 only and no effect on S9.

None of the 9 *Streptomyces spp.* tested showed a mutual stimulatory or inhibitory effect at all.

Zones of the stimulated *Streptomyces spp.* S6 and S9 reversed to their original asporogenous appearance when reinoculated on CZAPEK agar with defective quality. This indicates that the production of aerial mycelium was not the result of a genetically induced change, but due to the stimulatory effect of the fungal metabolites of the 11 active strains. This result agrees with those of DONDERO and SCOTTI (1956).

Some observations suggest that developing cultures of actinomycetes may produce and sometimes secrete substances that probably take part in controlling morphological changes. For instance, some *Streptomyces* strains were found to produce and secrete substances that cause aerial mycelium formation in old surface colonies of others (DONDERO and SCOTTI 1956). Densely formed aerial mycelium was observed in a variant of *S. coelicolor* only after addition of filtrates of several microorganisms to the culture medium (CZAPEK agar), (KRASSILNIKOV and EGOROVA 1960).

We observed the same effect of stimulation independently whether fungal filtrate was used or the *Streptomyces spp.* were cultivated in association with the fungus itself.

Yeast water, yeast autolysate or yeast filtrate of the strains R2, H6 and S14 did not exhibit any stimulatory effect on the formation of fertile aerial mycelium of the 9 *Streptomyces spp.* tested. In other words, the yeast strains R2, H6, and S14 might secrete their stimulatory factor only when both test organisms were grown together on solid medium. They are apparently unable to secrete the stimulatory factor in liquid medium.

The stimulatory factor produced by *Cladosporium* (K651) started after the fourth day of incubation and remained at a high level for one week after the seventh day. It almost disappeared gradually until the end of the experiment. On the contrary, the stimulatory factor secreted by *Drechslera* began at the first day of incubation, reached its maximum production after the seventh day and remained with the same strength until the end of the experimental period (70 days).

It is supposed that *Cladosporium* being a fast-sporulating organism, rapidly metabolized its nutritive compounds and secreted its metabolites with proceeding age. The lack of further supply of nutrients to the organism would urge it to utilize its by-products, hence the early disappearance of the stimulatory factor. On the other hand, Dr. being a very slow-sporulating organism, maintained the stimulatory factor for a long period before utilizing it.

As a result of mutual combination between 5 test streptomycetes, it was shown that only *Streptomyces sp.* S8 which itself is unable to produce aerial mycelium, secreted a stimulatory factor into the agar which favoured the production of fertile aerial mycelium of S6 and S9. At the same time it was noted that S8 produces a dark pigment on the culture medium (CZAPEK agar). This observation leads to the suggestion that this brown pigment may be the stimulatory factor in question. This idea agrees with the work of LILLY and BARNETT (1951) who stated that sporulation may be affected by pigments in some way. *Streptomyces venezuelae* was found to produce a pigment that induced sporulation of the same organism when it was added in partially pure form to liquid medium which did not normally support sporulation (SCRIBNER *et al.* 1973). In our case, the filtrate of S8 had no stimulatory effect on the formation of fertile aerial mycelium of *Streptomyces spp.* S6 and S9. The organism (S8) is consequently unable to secrete this stimulatory factor in liquid culture media.

The filtrates of the 8 active fungal strains retained their stimulatory effect after autoclaving at different time intervals and also after steaming. That stimulatory factor is resistant to temperature and pressure. In other words, it is not proteinaceous in nature. It may be a water-soluble organic substance of low molecular weight. This was confirmed by dialysis: the stimulatory factor diffused out from the dialyzer. The observation of SZESZÀK and SZABÓ (1973) was different in so far as the factor C which is produced by *Streptomyces griseus* and stimulates sporulation of a non-sporulating strain of the same organism is a thermolabile and non-dialyzable complex that was inactivated by heating at 45 °C for 5 min.

The submerged-growing *Drechslera* strain is orange-red in colour. This pigment may be attributed to the production of a di or polyphenolic compound which is oxidized to quinonic compound when a high oxygen supply has been reached by shaking. VAN EIJK (1974) already isolated quinonic compounds from *Drechslera catenaria* grown on CZAPEK-DOX medium, and characterized them as helminthosporin, catenarin, chrysophanol, and emodin.

It was supposed that phenolic compounds probably play a role in the structural development of fungi (BU'LOCK 1967); this may also be true of actinomycetes. Preparations of humic and fulvic acids induce the spore formation with *Actinoplanes*, as it was found in laboratory cultures (WILLOUGHBY 1968, WILLOUGHBY and BARKER 1969). Our results showed that none of the tested phenols, quinones and their organic solvents had any stimulatory effect on the formation of fertile aerial mycelium of S6 and S9.

The active component of the filtrates of the 8 active fungal strains remained in the watery extract after the successive extraction using different organic solvents specific for phenols. Our stimulatory factor is apparently not a simple phenolic in nature. This stimulatory factor is not adsorbed on charcoal and not precipitated by basic or neutral lead acetate. These results exclude the possibility of colloidal nature of such a factor and establish that this factor is not related to flavonoid derivatives. As a conclusion, the stimulatory factor does not belong to any type of the tested phenolic compounds.

Out of the 18 amino acids tested which are qualitatively and quantitatively similar to those of mycological peptone of malt-extract agar (OXOID), aspartic and glutamic acids, single or combined, only were stimulatory to the formation of fertile aerial mycelium of S6 and S9. The above results explain the stimulatory effect of malt-extract agar on S6 and S9, as one of the tested culture media. Fungal filtrates do not contain these two amino acids.

Each filtrate of the 8 active fungal strains was fractionated using cations and anions exchange resins. Fraction III which contained all the neutral metabolites (sugars and other substances), of all the filtrates was the only one which stimulated the formation of fertile aerial mycelium of S6 and S9. The chromatographic analysis of fraction III illustrated that xylose, rhamnose and ribose were present in various distribution among the 10 organisms (8 fungi and 2 streptomycetes) while glucose and fructose occurred in all samples. An unidentified spot was common in all samples except K513 and S9. None of the traced sugars was common only on the filtrates of the 8 active fungi and not in the filtrates of the 2 *Streptomyces spp.* (S6 and S9). It cannot be surely deduced that the stimulatory factor could be one of the simple sugars tested.

Neither sugar phosphate nor hexosamine were identified by chromatographic analysis while amino sugars show a common pattern in all the 10 analyzed samples. The results were doubted by MILLER *et al.* (1954) who reported that glucose-1-phosphate, fructose-1,6-diphosphate and sodium acetate were stimulatory to sporulation of *Saccharomyces cerevisiae*.

The chromatographic analysis of fraction III, to identify sugar acids and their derivatives, revealed the presence of 3 common spots in all the tested samples except S9 where only 2 spots were apparent. From the above mentioned results, it can be definitely concluded that the stimulatory factor does not belong to any type of the carbohydrates tested.

The used concentrations (1—50 p.p.m.) of gibberellins, indole acetic and indole butyric acids and biotin, as example of neutral substances that may be present in the neutral fraction (F. III) of the filtrates of the 8 active fungal strains, had no stimulatory effect on fertile aerial mycelium formation of S6 and S9. The production of aerial mycelium of a variant of *Streptomyces coelicolor* was found to occur on synthetic CZAPEK agar only after the adition of biotin (KRASSILNIKOV and EGOROVA 1960). They suggested that the stimulatory effect of the culture filtrates of several microorganisms on the same variant is probably attributed to the existance of biotin.

On the whole, it appears from the forgoing discussion that the secreted stimulatory factor in the liquid culture medium (CZAPEK-broth, pH 7) of the 8 active fungal strains was found to be a non-colloidal water-soluble organic compound with a low molecular weight which is resistant to temperature and pressure. It does not either belong to phenolic compounds, amino acids, sugars and sugar derivatives. This stimulatory factor is related to neutral substances, produced by each of the 8 active fungi, but different from those tested in the present work. These neutral substances may include hormones, vitamins and the like.

Acknowledgements

One of us (H.S.H.A.) was supported by the German Academic Exchange Service which is greatly appreciated.

References

BU'LOCK, J. D., 1967. Essays in Biosynthesis and Microbial Development. Wiley & Sons Inc. New York.

DAVID, J. and WIESMEYER, H., 1970. Regulation of ribose metabolism in *Escherichia coli*. III. Regulation of ribose utilization *in vivo*. Biochim. biophysica Acta, **208**, 68.

DONDERO, N. C. and SCOTTI, T., 1956. Excretion by streptomycetes of factors causing formation of aerial hyphae by old cultures. J. Bacteriol., **73**, 584—585.

HANSEN, S. A., 1975. Thin layer chromatographic methods for the identification of mono-, di- and trisaccharides. J. Chromatogr., **107**, 224.

HARBORNE, J. B., 1964. Biochemistry of Phenolic Compounds. Academ. Press. London-New York.

HAY, G. W., LEWIS, B. A. and SMITH, F., 1963. Thin film chromatography in the study of carbohydrates. J. Chromatogr., **11**, 479.

HEALD, F. D. and POOL, V. W., 1908. The influence of chemical stimulation upon the production of perithecia of *Melanospora pampeana*. Nebraska Agric. Exp. Stat. Annual Report.

HEILENZ, S., HÖFNER, W. and NEUMANN, K. H., 1970. Biochemisches Praktikum. Hochschulskripten Bibliographisches Institut.

HORTON, D., TANIMURA, A. and WOLFORM, M. L., 1966. Two-dimensional thin layer chromatography of amino acids on microcrystalline cellulose. J. Chromatogr., **23**, 309.

JØRGENSEN, A., 1956. Mikroorganismen der Gärungsindustrie. 7. Auflage ed. by HANSEN, A. Hans Carl Nürnberg.

KALAKOUTSKII, L. V. and AGRE, N. S., 1976. Development in actinomycetes. Bacteriol. Rev., **40**, 469—524.

KRASSILNIKOV, N. A. and EGOROVA, S. A., 1960. Restoration of pigmentation and antibiotic potency of *Actinomyces coelicolor* leucomutants using microbial metabolites. Dokl. Akad. Nauk USSR, **134**, 1218.

LILLY, V. G. and BARNETT, H. L., 1951. Physiology of Fungi. McGraw-Hill Inc. New York-Toronto-London.

MACH, F., 1957. Synergistische Beziehungen zwischen Pilzen und antibiotisch aktiven *Streptomyces*-Stämmen. Proc. IV. Internat. Congr. Crop. Protection Hamburg, **2**, 1581—1582.

MILLER, J. J., CALVIN, J. and TREMAINE, J. H., 1954. A study of certain factors influencing sporulation of *Saccharomyces cerevisiae*. Canad. J. Microbiol., **1**, 560.

MOLLIARD, M., 1903. Role des bactéries dans la production des périthèces des *Ascobolus*. C. R. Acad. Sci., **136**, 899.

SCRIBNER, H. E., TANG, T. and BRADLEY, S. G., 1973. Production of a sporulation pigment by *Streptomyces venezuelae*. Appl. Microbiol., **25**, 873—879.

SZESZAK, F. and SZABO, G., 1973. Alteration of RNA synthesis *in vitro* with an endogenous regulating factor of cyto-differentiation of *Streptomyces griseus*. Acta biol., **24**, 11.

Van Eijk, G. W., 1974. Chrysophanol and Emodin from *Drechslera catenaria*. Phytochem., **13**, 650.

Willoughby, L., 1968. Aquatic *Actinomycetales* with particular reference to the *Actinoplanaceae*. Veröff. Inst. Meeresforsch. Suppl., **3**, 19–26.

Willoughby, L. G. and Barker, C. D., 1969. Humic and fulvic acids and their derivatives as growth and sporulation media for aquatic actinomycetes. Verh. Internat. Vereinig. Theoret. Angew. Limnologie, **17**, 795–801.

Zonneveld, B. J. M., 1971. Biochemical analysis of the cell wall of *Aspergillus nidulans*. Biochim. biophysica Acta, **249**, 506.

Mailing address: Prof. Dr. E. Küster
Inst. für Mikrobiologie und Landeskultur – Mikrobiologie – Justus-Liebig-Universität
Senckenbergstr. 3
D-6300 Giessen

Zeitschrift für Allgemeine Mikrobiologie	22	2	1982	119–122

(Laboratory of Microbiology, Gulbenkian Institute of Science,
2781 Oeiras Codex, Portugal)

Flow microcalorimetry of a respiration-deficient mutant of *Saccharomyces cerevisiae*

M. C. LOUREIRO-DIAS and J. D. ARRABAÇA

(Eingegangen am 23. 6. 1981)

In aerobic batch cultures in mineral medium with glucose of a respiration-deficient mutant of *Saccharomyces cerevisiae*, growth parameters were estimated and the heat evolved was measured by a flow microcalorimeter. A growth enthalpy of -163.6 joule per mole of glucose consumed was measured. Under anaerobic conditions, the value was -134.6 joule, closer to the expected for alcoholic fermentation alone. The difference was found to be due to cyanide-resistant respiration under aerobic conditions.

The enthalpy of alcoholic fermentation of glucose during growth of *Saccharomyces cerevisiae* was determined in batch culture by BATTLEY (1960) and BELAICH *et al.* (1968, 1971) and in continuous culture by BRETTEL *et al.* (1972) and CARDOSO-DUARTE *et al.* (1976). Unless a respiration-deficient mutant is used, the culture conditions should be anaerobic to avoid heat production by respiration. By the use of such a mutant in glucose-limited chemostat cultures CARDOSO-DUARTE *et al.* (1976) obtained enthalpy values which were near the theoretical value. By using the same mutant in aerobic batch culture under conditions of glucose saturation, we obtained significantly higher values. To elucidate this matter we compared the stoichiometry of growth and heat production of this mutant in batch culture under aerobic and anaerobic conditions.

Materials and methods

The organism used was a respiration-deficient mutant of *Saccharomyces cerevisiae* (IGC 3507-III).

Medium: a defined mineral medium with vitamins (VAN UDEN 1967), 0.25% glucose and 0.1% agar (DIFCO, purified agar) was used. Stock cultures were kept on slants of glucose-peptone-yeast extract agar at 17 °C.

Preparation of inoculum: from 24 h old slant grown at 25 °C, a shake flask of 250 ml containing 100 ml of medium was inoculated and incubated for about 16 h in a GALLENKAMP Orbital Incubator.

The calorimeter was a LKB flow-microcalorimeter 10 700-1 (MONK and WADSÖ 1969), working with the flow-through cell (0.48 ml). The temperature of the thermostatic air-bath was maintained at 25 °C, with an external CHURCHILL chiller thermocirculator, in a room at a constant temperature of about 20 °C. The voltage was amplified with a KEITHLEY 150B Microvolt Ammeter, in a sensitivy range of 10 µV full scale. The power-time (*p-t*) curves were recorded on a LKB 6500 flat bed potentiometer recorder in a sensivity range of 50 µV full scale. The calorimeter was calibrated at the same temperature, flow rate and amplifier and recorder setting as in the incubation experiment, by the application of a current of 1 mA to the heater located in the calorimetric cell. The calibration constant was 0.71 µW/division. Cultures were pumped into the calorimeter by a LKB Vario Perpex 12000 peristaltic pump, through teflon tubing at a flow rate of about 20 ml h^{-1}.

Decontamination: the calorimeter cell and the tubing were decontaminated by pumping through successively HCl 0.5 N, NaOH 0.5 N and sterilized deionized water.

Calorimetric incubation: a base line in the recorder was established by pumping fresh medium, under the same conditions as the cultures (100 ml, 25 °C, magnetic stirring) through the calorimeter. The experiment was started by the addition of the amount of inoculum corresponding to an initial dry weight of about 50 μg ml⁻¹. Every hour, samples were taken from the culture for estimation of population density and for determination of the concentrations of glucose, ethanol and glycerol, after boiling for 5 min and centrifuging. The population density was estimated by measuring the optical density at 640 nm. A standard curve relating dry weight to optical density was prepared with exponential growing yeast in the same medium.

Glucose, ethanol and glycerol were estimated by the use of kits of Boehringer, Mannheim GmbH, Germany. Anaerobic conditions were achieved by bubbling purified nitrogen through the cultures. Oxygen concentration was monitored with a Biotec LP 100-8 polarographic unit and kept at about 0.4% saturation.

Oxygen consumption was measured with an oxygen electrode (Rank Bros, Bottisham, Cambridge) connected to a Vitatron UR 405/L recorder. A base line was established with 3 ml of fresh sterile medium at oxygen saturation, under magnetic stirring, at 25 °C. Oxygen consumption was estimated from the slope of the register after inoculation with centrifuged exponentially growing cells. Sensitivity to cyanide was tested for 1 mM KCN.

Results and discussion

The incorporation of 0.1% agar in the medium, increasing its viscosity, stabilized the out-put signal, probably by preventing the sedimentation of yeast in the calorimeter cell.

For each experiment, glucose consumed and biomass, ethanol and glycerol produced during successive time intervals of 1 hour were estimated by the difference in each concentration at each time. Molar growth yield and ethanol and glycerol produced per mole of glucose consumed were estimated from the respective regression coefficients (Fig. 1). By graphical integration of the power-time curves (Fig. 2) heat

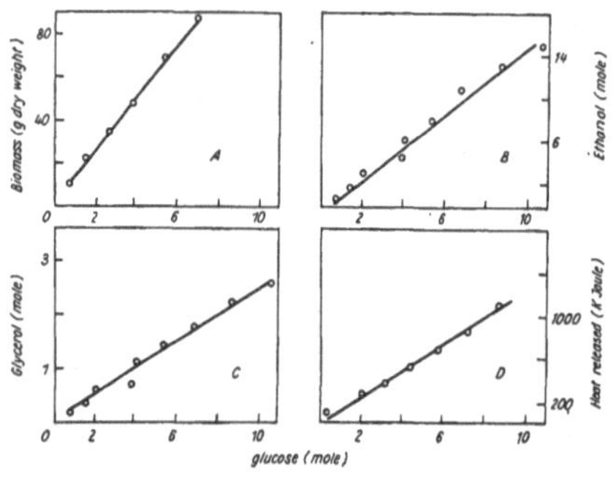

Fig. 1

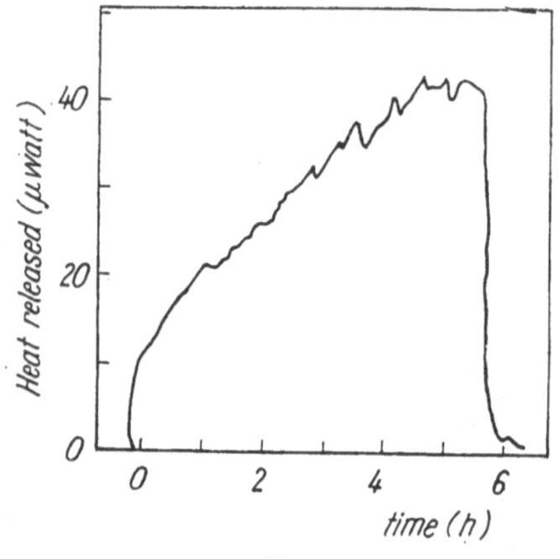

Fig. 2

Fig. 1. Production of biomass (A), ethanol (B), glycerol (C) and heat (D), as a function of glucose consumed by *Saccharomyces cerevisiae*, petite-mutant

Fig. 2. A power-time curve of exponentially growing *Saccharomyces cerevisiae*

evolved during the same time intervals was estimated. Molar enthalpy of the fermentation was estimated from the regression coefficient (Fig. 1), computed with respect to the heat evolved and glucose consumed in the same time intervals. Table 1 summarizes the results obtained in experiments performed under aerobic and anaerobic conditions. The value of the enthalpy under anaerobic conditions is in good agreement with previous results.

Table 1
Summary of the results under aerobic and anaerobic conditions

	Aerobic conditions			Anaerobic conditions		
	mean value	standard deviation	number of observations	mean value	standard deviation	number of observations
Molar growth yield (g dry weight/mole of glucose)	12.32	1.15	11	11.84	1.09	7
Ethanol produced/mole of glucose consumed (moles)	1.28	0.15	10	1.40	0.17	3
Glycerol produced/mole of glucose consumed (moles)	0.24	0.019	9	0.21	0.046	4
ΔH (kjoule/mole of glucose consumed)	163.6	31.2	10	134.6	7.1	7

Testing the significance for differences between means, using the t-test (Sokal and Rohlf 1966), the means were found to be not significantly different for molar growth yield, production of ethanol and glycerol, but significantly different for ΔH at the 2% level. The strain used, a respiration-deficient mutant of *S. cerevisiae*, was assumed not to consume oxygen, but the increase in ΔH under aerobic conditions raised the hypothesis that some oxygen might have been consumed. This hypothesis was confirmed by the measurement of an uptake of oxygen that could be expressed by a specific transfer rate (k_{O_2}) of 0.24 mmole of O_2 g^{-1} of dry cells h^{-1}.

To relate glucose and O_2 consumption we used the expression (Van Uden 1967):

$$\frac{k_{O_2}}{\mu} \times y = O_2 \text{ consumed/mole of glucose consumed}$$

where y — molar growth yield

μ — specific growth rate.

Using for the molar growth yield the mean value in Table 1 and for the specific growth rate the value 0.16 h^{-1}, estimated as previously described by Martinez-Peinado and Van Uden (1977), we evaluated an uptake of 18.5 mmoles of O_2 per mole of glucose consumed. Assuming that the oxygen is used in the total oxidation of glucose to carbon dioxide and water, and using for ΔH of glucose oxidation − 2804/kjoule per mole of glucose (Battley 1960), we can explain an increase in ΔH of fermentation of 8.6 kjoule per mole of glucose. This value accounts for about 30% of the difference we measured for aerobic and anaerobic conditions. Martinez-Peinado and Van Uden (1977) previously reported isothermic growth rate variation in the same strain in batch culture, suggesting that a number of possible physiological states can be established. In the measurement of heat we also detected variation among different experiments and this variation decreased under anaerobic conditions (standard deviation in ΔH is 31.2 for aerobic and 7.3 for anaerobic conditions).

The uptake of oxygen was not affected by the addition of potassium cyanide to a concentration of 5 mM. These results raised the hypothesis that the high value for ΔH under aerobic conditions and its variation may be associated with the presence of the cytochrome-P450. The action of P-450 was described as insensitive to cyanide in yeasts (Bloomfield and Bloc 1960) and its content in petite-mutants of *S. cerevisiae* was found to vary from 0.1 for aerobically to 8.9 μ moles/10^{10} cells for semi-anaerobically growing cells (Ishidate *et al.* 1968). Since P-450 content seems to be related with aeration conditions, it may depend on several parameters that may have changed in different experiments, e. g. speed of stirring.

As stated by Forrest (1971), the interpretation of microcalorimetric results in conjunction with chemical information gives clues of the presence of side reactions. The discrepancies in results for aerobic and anaerobic conditions led us to the hypothesis of oxygen uptake which was confirmed by experimental results.

References

Battley, E. H., 1960. Enthalpy changes accompanying the growth of *Saccharomyces cerevisiae* (Hansen). Physiol. Plant., **13**, 628–640.

Belaich, J. P., Senez, J. C. and Murgier, M., 1968. Microcalorimetric study of glucose permeation in microbial cells. J. Bacteriol., **95**, 1750–1757.

Belaich, J. P. and Murgier, M. 1971. Microcalorimetric determination of the affinity of *Saccharomyces cerevisiae* for some carbohydrate growth substrates. J. Bacteriol., **105**, 573–579.

Bloomfield, D. K. and Bloc, K., 1960. The formation of Δ^9-unsaturated fatty acids. J. biol. Chemistry, **235**, 337–342.

Brettel, R., Corti, L., Lamprecht, I. and Schaarschmidt, B., 1972. Combination of a continuous culture with a flow-microcalorimeter. studia biophysica, **34**, 71–76.

Cardoso-Duarte, J. M., Marinho, M. J. and Van Uden, N., 1976. Flow microcalorimetry of the chemostat. In: Dean, A. C. R., Allwood, D. C., Evans, C. G. T. and Melling, J. (Editors), Continuous Culture 6: Applications and New Fields. Ellis Horwood Ltd., Chichester, pp. 40–48.

Forrest, W. W., 1971. In: Norris, J. R. and Ribbons, D. W. (Editors), Methods in Microbiology, **6B**, 285–318.

Ishidate, K., Kawaguchi, K., Tagawa, K. and Hagihara, B., 1968. Hemoproteins in anaerobically grown yeast cells. J. Biochem. (Tokyo), **65**, 375–383.

Martinez-Peinado, J. and Van Uden, N., 1977. Isothermic variation of the specific growth rate of *Saccharomyces cerevisiae* in batch culture. Arch. Microbiol., **113**, 303–307.

Monk, P. R. and Wadsö, I., 1969. A flow micro reaction calorimeter. Acta chem. scand., **22**, 1842–1852.

Sokal, R. R. and Rohlf, F. J., 1966. Biometry. Freeman San Francisco.

Van Uden, N., 1967. Transport-limited growth in the chemostat and its competitive inhibition; a theoretical treatment. Arch. Mikrobiol., **58**, 145–154.

Van Uden, N., 1967. Transport-limited fermentation and growth of *Saccharomyces ceresiviae* and its competitive inhibition. Arch. Mikrobiol., **58**, 155–166.

Mailing address: Eng. M. C. Loureiro-Dias
Laboratory of Microbiology
Gulbenkian Institute of Science
2781 Oeiras Codex
Portugal

Zeitschrift für Allgemeine Mikrobiologie	22	2	1982	123–126

(Mykologische Abteilung (Leiter: Prof. Dr. sc. med. H. A. KOCH)
der Hautklinik (Direktor: Prof. Dr. sc. med. H. SCHUBERT)
der Medizinischen Akademie Erfurt)

Gewinnung und Charakterisierung kohlenhydratspezifischer Antikörper aus anti-*Candida utilis* Serum

K.-H. RADEMACHER

(Eingegangen am 6. 5. 1981)

Mannan of *Candida utilis* was hydrolyzed in oligosaccharides of different chain lenghts. Mannohexaose and mannopentaose were shown to be the immunodominant group of this mannan. The oligosaccharides obtained were bound to sepharose by way of β-(p-aminophenyl)ethylamine. Immunoglobulins against mannohexaose down to mannodiose were obtained using affinity chromatography of the anti-*C. utilis* serum. The affinity columns were filled with sepharose-oligosaccharide gels. The serological activity was proved by agglutination and precipitation.

Spezifische serologische Reaktionen von Hefen (TSUCHIYA *et al.* 1974, FRASER 1977) mit dem homologen Antiserum sind auf die artspezifischen Mannanstrukturen in der Zellwand zurückzuführen (SUZUKI u. SUNAYAMA 1968, 1969, SUNAYAMA u. SUZUKI 1970, BALLOU 1970, SANDULA u. VOJTKOVA-LEPSIKOVA 1974). Neben der im allgemeinen stets vorhandenen Hauptkette aus α-1,6-glycosidisch verbundenen Mannosylgruppen treten die specieseigenen Unterschiede in den Seitenketten auf. Solche artspezifischen Strukturen können durch die Länge der Seitenketten und darin enthaltenen glycosidischen Bindungen und die außer den Mannosylgruppen enthaltenen Substituenten bestimmt werden (BALLOU u. RASCHKE 1974). Durch Affinitätschromatographie von Hefeantiseren gegen *Saccharomyces cerevisiae, Candida albicans* (SANDULA u. KUNIAK 1974) und *Candida utilis* (GERBER *et al.* 1973) über modifizierte Mannane der genannten Hefen wurden kohlenhydratspezifische Immunglobuline mit hoher Spezifität isoliert.

In vorliegender Arbeit wurde die Möglichkeit untersucht, kohlenhydratspezifische Immunglobuline aus dem anti-*Candida utilis* Serum mit Hilfe trägerfixierter Oligosaccharide zu gewinnen.

Material und Methoden

Hefestämme: *Candida utilis* E 5, *C. albicans, C. pseudotropicalis, C. krusei, Saccharomyces cerevisiae* wurden der Mykothek unserer Abteilung entnommen. Die Kultur der Hefen erfolgte in SABOURAUD-Glucose-Medium bei 28 °C, 48 h in einem Glasfermentor (VEB Technisches Glas, Ilmenau). Die Hefen wurden durch Zentrifugation (3000 U/min) geerntet und einmal mit aqua dest. gewaschen. Das Mannan wurde durch Extraktion mit Citratpuffer (pH 7,0) im Autoklaven (120 °C/60 min) und anschließender Fehlingfällung gewonnen (PEAT *et al.* 1961). Die Acetolyse erfolgte durch Essigsäureanhydrid/Pyridin nach KOCOUREK u. BALLOU (1969). Die Gelfiltration der Oligosaccharide wurde mit aqua dest. als Laufmittel über Biogel P-2 (200–400 mesh) (Bio-Rad. Laboratories, Richmond) durchgeführt. Kohlenhydrate wurden mit der Phenol-Schwefelsäuremethode nachgewiesen (DUBOIS *et al.* 1956).

Gewinnung des Antiserums: Kaninchen (*ca.* 2 kg Gewicht) wurde 6 Wochen lang 2× wöchentlich in die Ohrvene eine Suspension von im siedenden Wasserbad hitzeinaktivierten Hefezellen (10^8 Zellen/ml) injiziert. Nach einer weiteren Woche wurden die Tiere ausgeblutet und das Serum gewonnen. Doppelte Immundiffusion wurde auf Objektträger, beschichtet mit Agarose (1%ig in 0,05 M Veronal-Acetat-Puffer pH 8,2, Zusatz von 2% Polyethylenglycol MG 6000), durchgeführt. Mannanlösungen (0,25 mg/ml) diffundierten gegen die durch Affinitätschromatographie gewonnenen, kohlenhydratspezifischen Antikörper. Das Ablesen der Präzipitationslinien erfolgte nach 24 h Inkubation bei Raumtemperatur.

Inhibierungsreaktionen: Bekannte Mengen Oligosaccharide in physiologischer Kochsalzlösung wurden zu 0,1 ml anti-*Candida utilis* Serum gegeben. Nach einer Inkubation von 2 h bei 37 °C wurden 30 µg *C. utilis* Mannan zugegeben.

Die präzipitierten Globuline wurden nach Hydrolyse mit aktiviertem Ninhydrin-Reagenz entsprechend der Vorschrift von SUZUKI u. SUNAYAMA (1968) gefärbt und im SPEKOL (VEB CARL ZEISS Jena) bei 570 nm gemessen.

Kopplung von Oligosacchariden an Sepharose: Die Oligosaccharide wurden zunächst mit β-(*p*-Aminophenyl)-ethylamin (Aldr. Chem. Co.) in geeignete Derivate umgewandelt (JEFFREY *et. al.* 1975). Dazu wurden 0,1 mM Oligosaccharid mit 3,5 mM β-(*p*-Aminophenyl)-ethylamin vermischt und 15 h gerührt. Anschließend wurden 12 mg $NaBH_4$ in absolutem Äthanol zugegeben und 5 h in einem belüfteten Gefäß gerührt. Im Anschluß daran wurde mit Eisessig der pH auf 5,6 eingestellt. Nach Abdestillation des Äthanols wurde das Reaktionsprodukt über Sephadex G-10 (2,5 cm × 100 cm) gegeben, als Elutionsmittel diente 1 M Essigsäure mit Pyridin auf pH 5,0 eingestellt. 20 µMol Oligosaccharidderivat wurden in 5 ml 0,1 M $NaHCO_3$-Puffer, pH 8,0 zu 1 g CNBr-aktivierte Sepharose 4B (zuvor mit 0,001 N HCl gewaschen) gegeben. Nach 2 h Reaktionszeit wurden 0,5 ml Äthanolamin (10 M, pH 8,0 mit Essigsäure eingestellt) zugegeben und weitere 2 h gerührt. Das erhaltene Gel wurde schließlich mit 0,1 M $NaHCO_3$, 0,1 M Na-Acetat-Puffer (pH 5,0) und phosphatgepufferter Kochsalzlösung (0,85%ig NaCl in 0,02 M Na-Phosphat-Puffer pH 7,4) gewaschen.

Isolation spezifischer Antikörper: 3 ml des anti-*C. utilis* Serum wurden auf eine Säule (0,8 cm × 4,0 cm) gegeben, welche Sepharose, jeweils beladen mit einem separierten Oligosaccharid, enthält. Unspezifische Serumproteine wurden mit phosphatgepuffertem Kochsalz von der Säule gewaschen. Die Elution der von Oligosaccharid gebundenen Serumproteine erfolgte mit 0,2 M Glycin-HCl-Puffer pH 2,3. Absorptionsmessungen zur Bestimmung der Proteine wurden in 1-ml-Küvetten bei 280 nm mit einem SPECORD UV VIS, CARL ZEISS Jena, durchgeführt.

Die oligosaccharidspezifischen Antikörper wurden unmittelbar nach der Elution mit 1 M Na_2HPO_4 neutralisiert und durch Vakuumdialyse in Kollodiumhülsen (SARTORIUS-Membranfilter GmbH) bis zu einem Endvolumen von 0,5 ml konzentriert.

Ergebnis und Diskussion

Durch Acetolyse, einer selektiven Hydrolyse von α-1,6-glycosidischen Bindungen, wurde das Mannan von *C. utilis* aufgespalten. Das erhaltene Acetolysegemisch wurde durch Gelchromatographie über Biogel P-2-Säulen in Mannohexaose, -pentaose, -tetraose, -triose, -diose und Mannose aufgetrennt (Abb. 1).

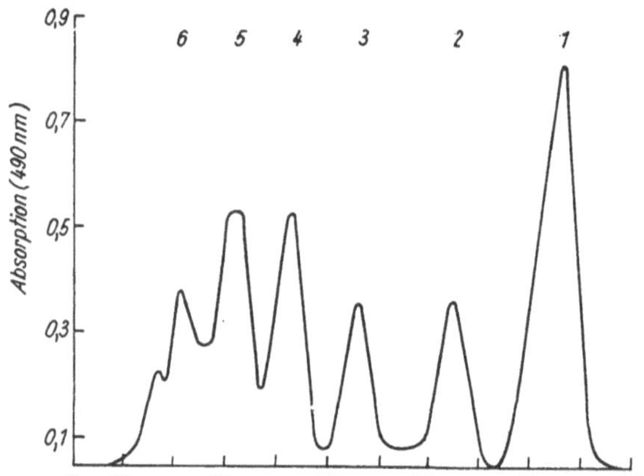

Abb. 1. Acetolysemuster des Mannans von *Candida utilis*. Mannose (1), Mannodiose (2), Mannotriose (3), Mannotetraose (4), Mannopentaose (5), Mannohexaose (6)

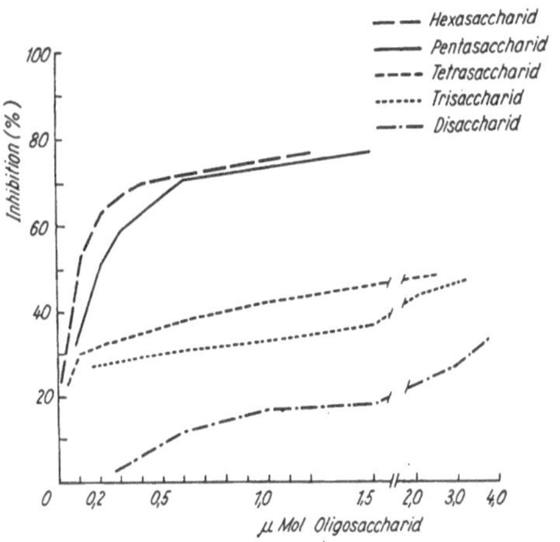

Abb. 2

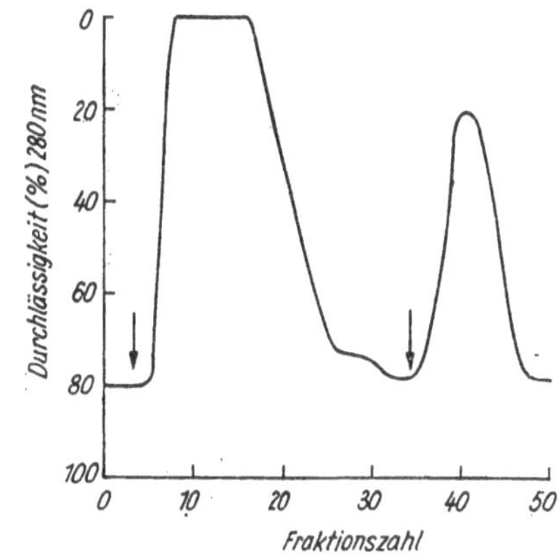

Abb. 3

Abb. 2. Inhibierung der Präzipitationsreaktion von *Candida utilis* Mannan und anti-*C. utilis* Antiserum durch die Oligosaccharide Mannohexaose (— —), Mannopentaose (———), Mannotetraose (— — —), Mannotriose (-----) und Mannodiose (—·—) isoliert aus *C. utilis* Mannan

Abb. 3. Isolierung von anti-Mannohexaose Antikörpern aus anti-*Candida utilis* Antiserum durch Affinitätschromatographie. Die Chromatographiesäule enthält Sepharose mit Mannohexaose als Liganden. Vom Antiserum wurden 3 ml auf die Säule gegeben (linker Pfeil) und mit phosphatgepufferter Kochsalzlösung gewaschen. Die Elution der gebundenen Immunglobuline erfolgte mit Glycin-HCl-Puffer (rechter Pfeil)

Tabelle 1

Charakterisierung der nach Affinitätschromatographie erhaltenen Immunglobuline aus dem anti-*Candida utilis* Serum

Eluierte Immunglobuline von	Agglutination[2])	Präzipitation mit dem Mannan von				
		C. utilis	*C. albicans*	*C. pseudotropicalis*	*C. krusei*	*S. cerevisiae*
Seph.-Mannohexaose[1])	1:40	+++	—	—	—	—
Seph.-Mannopentaose	1:20	+	—	—	—	—
Seph.-Mannotetraose	1:40	+++	—	—	—	—
Seph.-Mannotriose	1:40	+++	—	—	—	—
Seph.-Mannodiose	1:40	+++	—	—	—	—

[1]) an Sepharose gekoppelte Oligosaccharide
[2]) mit einer Suspension *C. utilis*-Zellen (10^6/ml)

In klassischen Inhibierungsreaktionen der Präzipitation von anti-*C. utilis* Serum und *C. utilis* Mannan durch die isolierten Oligosaccharide konnte der stärkste Inhibitoreffekt bei Mannohexaose und Mannopentaose beobachtet werden. Es folgten mit 50% geringerer Inhibitorstärke Mannotetraose und weiter abfallend Mannotriose und Mannodiose (Abb. 2). Die Ergebnisse durchgeführter Inhibierungsversuche (Suzuki u. Sunayama 1968, Ballou 1970) mit Oligosacchariden aus *C. albicans* und *S. cerevisiae* und den homologen Antikörpern zeigten in analoger Weise für die längerkettigen Oligosaccharide den stärksten Inhibitoreffekt. Damit konnte nachgewiesen werden, daß im *C. utilis* Mannan die Mannohexaose und -pentaose zu den immundeterminanten Seitenketten gehören. Die Affinitätschromatographie von anti-*C. utilis* Serum über Oligosaccharid beladene Sepharosegele zeigte für jedes der eingesetzten Oligosaccharide (Mannohexaose bis Mannodiose) das in Abbildung 3 dargestellte Elutionsmuster. Durch Glycin-HCl-Puffer (pH 2,3) wurden die absorbierten Immunglobuline freigesetzt und in den anschließend durchgeführten Agglutinationsreaktionen für alle absorbierten Immunglobuline serologische Aktivität nachgewiesen, die durch Präzipitationsreaktionen mit *C. utilis* Mannan bestätigt wurde. Mit den Mannanen anderer Hefen und den gewonnenen Immunglobulinen konnten keine Präzipitationsreaktionen nachgewiesen werden (Tab. 1).

Alle Oligosaccharide des *C. utilis* Mannans, auch die nicht zu den immundeterminanten Gruppen gehörenden, absorbieren aus dem anti-*C. utilis* Serum Immunglobuline mit serologischer Spezifität.

Literatur

BALLOU, C. E., 1970. A study of the immunochemistry of three yeast mannans. II. Isolation and inhibition assay of the oligosaccharides from acetolysate of mannan of *Candida albicans*. J. biol. Chemistry, **245**, 1192–1203.

BALLOU, C. E. and RASCHKE, W. C., 1974. Polymorphism of the somatic antigens of yeast. Science, **184**, 127–134.

DUBOIS, M., GILLES, K. A., HAMILTON, J. J., REBERS, P. A. and SMITH, F., 1956. Colorimetric method for determination of sugars and related substances. Anal. Chem., **28**, 550–556.

FRASER, E. W., 1977. Serological studies on twelve species of *Candida*. Mycopathologia, **61**, 179–182.

GERBER, H., HORISBERGER, M. and BAUER, H., 1973. Immunsorbent for the isolation of specific antibodies against mannan: Localization of antigens in yeast cell walls. Infection and Immunity, **7**, 487–492.

HASENCLEVER, H. F. and MICHELL, W. O., 1964. A study of yeast surface antigens by agglutination inhibition. Sabouraudia, **3**, 288–300.

JEFFREY, A. M., ZAPF, D. A. and GINSBURG, V., 1975. Affinity chromatography of carbohydrate-specific immunoglobulins: coupling of oligosaccharides to sepharose. Biochem. Biophys. Res. Commun., **62**, 608–613.

KOCOUREK, J. and BALLOU, C. E., 1969. Method for fingerprinting yeast cell wall mannans. J. Bacteriol., **100**, 1175–1181.

PEAT, S., WHELAN, W. J. and EDWARDS, T. E., 1961. Polysaccharides of bakers yeast mannan. J. Chem. Soc. London, 29–34.

SANDULA, J. and KUNIAK, L., 1974. Affinity chromatography of yeast antibodies on modified mannan. J. Chromatogr., **91**, 293–295.

SANDULA, J. and VOJTKOVA-LEPSIKOVA, A., 1974. Immunochemical studies on mannans of the genus *Saccharomyces*. Folia microbiol., **19**, 94–101.

SUZUKI, S. and SUNAYAMA, H., 1968. Studies on the antigenic activities of yeasts. II. Isolation and inhibition of the oligosaccharides from acetolysate of mannan of *Candida albicans*. Japan. J. Microbiol., **12**, 413–422.

SUZUKI, S. and SUNAYAMA, H., 1969. Studies on the antigenic activities of yeasts. III. Isolation and inhibition assay of the oligosaccharides from acid-hydrolysate of mannan of *Candida albicans*. Jap. J. Microbiol., **13**, 95–101.

SUNAYAMA, H. and SUZUKI, S., 1970. Studies on the antigenic activities of yeasts. VI. Analysis of the antigenic determinants of the mannan of *C. albicans* Serotyp B – 792. Jap. J. Microbiol., **14**, 371–379.

TSUCHIYA, T., FUKAZAWA, Y., TAGUCHI, M. NAKASE, T. and SHINODA, T., 1974. Serologic aspects on yeast classification. Mycopathologica applicata, **53**, 77–91.

Anschrift: Dr. K.-H. RADEMACHER
Mykologische Abteilung der Hautklinik der
Medizinischen Akademie Erfurt
DDR-5010 Erfurt, Klement-Gottwald-Str. 34, PSF 434

Zeitschrift für Allgemeine Mikrobiologie	22	2	1982	127–131

(Institute of Microbiology, University of Sassari, 07100 Sassari, Italy
and Central Institute of Microbiology and Experimental Therapy*),
Academy of Sciences of the GDR, 6900 Jena, GDR)

Effect of microtubule inhibitors on the tubulin system of *Dictyostelium discoideum*

S. RUBINO, E. UNGER*, G. FOGU[1]) and P. CAPPUCCINELLI

(Eingegangen am 20. 4. 1981)

Indirect immunofluorescence with antibodies to microtubular proteins has been used to investigate the microtubule system of *Dictyostelium discoideum* vegetative amoebae and the action of several compounds that interfere with that system. All the inhibitors tested show an antimicrotubular effect.

Colchicine, vinblastine, nocodazole, thiabendazole, and isopropyl-N-phenyl-carbamate (IPC) seem to act mainly by destroying microtubules leaving the appearance of nuclei associated organelles (NAOs) undisturbed. On the other hand griseofulvin also affects NAOs which disappear in treated cells.

Several techniques allow the direct visualization of the microtubule system in mammalian and other cells. Among them, immunofluorescence with specific antibodies and also preimmune sera has been frequently used to explore the intracellular microtubules in different experimental conditions (for review see WEBER and OSBORN 1979). Recent improvement of this technique has allowed its application to lower eukaryots, such as amoebae of slime moulds, in which a typical microtubule network has been demonstrated (UNGER *et al.* 1979).

The function of the microtubule system in cells is affected by several poisons; one group, *e. g.* colchicine, vinblastine, nocodazole, thiabendazole, directly interact with mammalian and/or fungal tubulin, another, *e. g.* IPC, and griseofulvin is thought to interact mainly with microtubular organizing centres (MTOCs) (see DUSTIN 1978, for review).

Using immunfluorescence, in this paper we have studied the effects of inhibitors, known to affect microtubules in different ways, on the tubular system of vegetative amoebae of *Dictyostelium discoideum*.

Materials and methods

All chemicals were of reagent grade. Stock solutions of griseofulvin (SIGMA), isopropyl-N-phenyl-carbamate (IPC) (a gift of CROPSAFE, Ltd. Dowton, U.K.), nocodazole or methyl 5-(2-thienylcarbonyl)-1H-benzoimidazol-2yl-carbamate (ALDRICH Chemical Co.), thiabendazole (MERCK, SHARP and DOHME) in DMSO, were stored at −20 °C. Colchicine (BOERINGER, Mannheim), and vinblastine sulfate (Eli Lilly) were dissolved directly in culture medium prior to use.

Growth and viability of cells: *D. discoideum* strain Ax2 (ATCC 24397), was grown axenically at 22 °C on an orbital shaker in HL-5 medium containing 86 mM glucose (WATTS and ASHWORTH 1970). Cells were harvested during expotential phase of growth at density of $3 - 6 \times 10^6$ cells/ml. Unless stated otherwise, the final concentration of inhibitors added to the medium were: nocodazole (7 µg/ml), colchicine (10 mg/ml), IPC (70 µg/ml), thiabendazole (10 µg/ml), griseofullvin (150 g/ml), vinblastine (1 mg/ml).

[1]) Permanent address: Institute of Genetics, University of Sassari, Viale Mancini 5, 07100 Sassari, Italy.

Cells were routinely counted with a Coulter Counter (Model D) and their viability was determined either by plating clonally with *Aerobacter aerogenes* on SM agar plates (SUSSMAN 1966) or by trypan blue exclusion test.

Antibodies: The γ-globulin fraction of a rabbit preimmune serum (New Zealand rabbit, female, protein concentration: 0.5 mg/ml) containing antibodies against a microtubule associated protein was used to visualize the microtubular system instead of monospecific antitubulin antibodies. The characteristics of this serum will be published in detail elsewhere (manuscript in preparation).

Indirect immunfluorescence: Amoebae were allowed to stick for 60 min to polylysine coated slides at 22 °C in HL-5 medium containing glucose and fixed for 20 min in 3.5% formaldehyde in the same medium. The samples were treated at −20° with methanol for 7 min, with acetone for 5 min and air dried. Cells were then incubated for at least 60 min at 37 °C with anti-MAP antibodies and stained with fluorescein conjugated anti-rabbit γ-globulin (FITC-AB, BEHRING-Werke AG). FITC-ABs were previously absorbed with an aceton powder of *D. discoideum* (overnight at 4 °C), to reduce aspecific binding. The slides were mounted in 90% glycerol in PBS and scored with a LEITZ Dialux 20 EB microscope equipped with epifluorescence optics. Photographs were taken on KODAK TRI-X Pan film, developed in Microdol-X and printed on ORWO paper extra hard.

All the controls (untreated cells, cells stained with normal rabbit γ-globulin + FITC-AB or with FITC-AB alone) were negative. The specificity of staining was determined further by cold treatment (60 min, 4 °C). The pattern typical for microtubules (UNGER *et al.* 1979) disappeared nearly completely.

Results

Effect of inhibitors on cell growth

Fig. 1 shows the effect of the inhibitors on growth of *D. discoideum* Ax2 amoebae under axenic conditions. At the concentration mentioned in Materials and Methods, complete inhibition of growth is obtained with nocodazole, thiabendazole and IPC. Colchicine, vinblastine and griseofulvin inhibit cell growth only partially. Growth inhibition does not seem to be due to a toxic effect since cell viability, as judged by the trypan blue exclusion test, is not deeply affected.

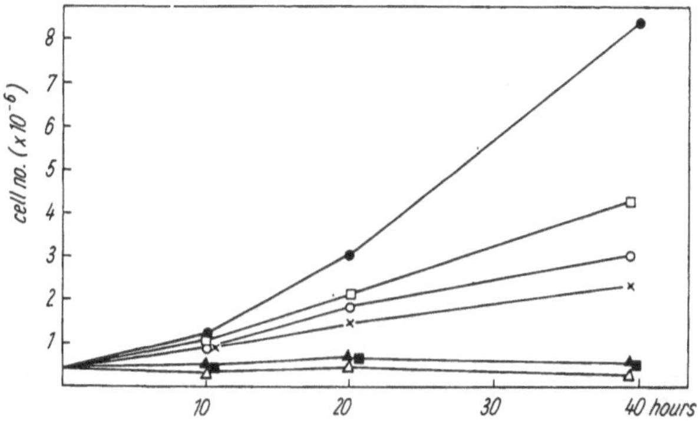

Fig. 1. Effect of microtubule inhibitors on growth of *D. discoideum* Ax2 amoebae. Control (●), colchicine, 10 mg/ml (□); vinblastine, 1 mg/ml (○); griseofulvin, 150 μg/ml (×); nocodazole, 7 μg/ml (▲); thiabendazole, 10 μg/ml (■); IPC, 70 μg/ml (△)

Effect of inhibitors on the microtubule system

Cells were incubated with an appropriate amount of inhibitor and collected after 3, 8 and 24 hours culture for immunofluorescence. The fluorescent patterns of *D. discoideum* amoebae treated with monospecific antibodies to mammalian brain tubulin were not different from the patterns of the same amoebae treated with preimmune serum to MAP.

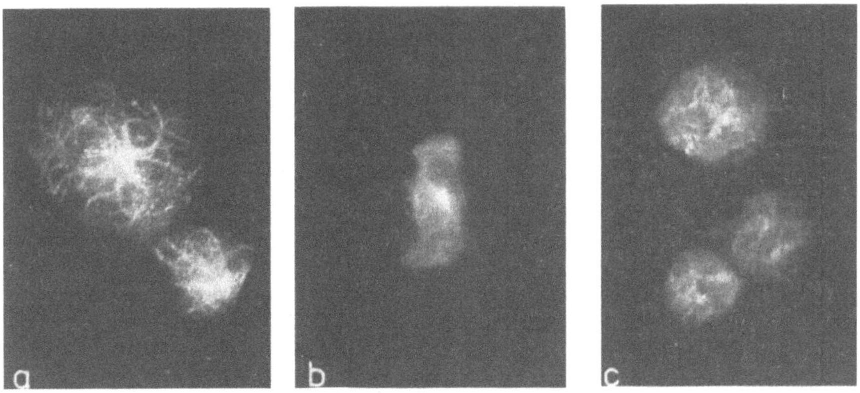

Fig. 2. Immunofluorescence of *D. discoideum* Ax2 amoebae showing the normal microtubule pattern of control (a) and its modification in cells incubated for 24 hrs with 1 mg/ml vinblastine (b), and 24 hrs with 150 μg/ml griseofulvin (c). (x 1260)

Different inhibitors produce different alterations of the microtubular structures Vinblastine induces disassembly of microtubules in *D. discoideum* Ax2 (see Fig. 2b) and the cytocenters of these appear to be intact. Fig. 2c shows the effects of griseofulvin on the microtubular pattern. Cells appear to be rounded and unable to stretch normally on the polylysine-coated surface. The microtubular network is mostly disorganized and, although the rounding up does not help a clear interpretation of the results, cytocenters are not prominent. Nocodazole and thiabendazole produce similar effects consisting in the almost complete disappearance of cytoplasmic microtubules which are substituted by a diffuse fluorescence. Cells are enlarged, cytocenters are very prominent, increased in number and short microtubules resistant to the inhibitors radiate from them (Fig. 3a, b, c). The effect of IPC on *D. discoideum* amoebae is shown in Fig. 3 (d). Cells are reduced in size, microtubule number is decreased and cytocenters are still present. Colchicine treated amoebae show disassembly of microtubules while their size and shape are normal (Fig. 3c).

Discussion

This paper describes the different effects of microtubule inhibitors on vegetative amoebae of *D. discoideum,* using an immunofluorescence technique. As shown previously, these amoebae contain a typical microtubule network that can be visualized in detail after attachment to the rigid surface of microscopic slides or culture vessels (UNGER *et al.* 1979).

After treatment with colchicine, vinblastine, IPC, nocodazole, and thiabendazole, the microtubule network is distroyed. The NAOs seem to be almost intact with regard to their stainability.

Colchicine and vinblastine are well-known microtubule poisons in mammalian cells. They directly bind to tubulin, affecting its ability to polymerize. However, in many lower eukaryots microtubules are resistant to colchicine due to a low affinity of their tubulin to this drug (BURNS 1973). In *D. discoideum* a colchicine binding activity has been detected with characteristics similar to that of higher eukaryotic tubulin (CAPPUCCINELLI and HAMES 1978). Furthermore, electron microscopy and other indirect evidences have shown an antimicrotubular effect for this drug in *D. discoideum* (CAPPUCCINELLI and ASHWORTH 1976, ECKERT *et al.* 1977). Our experiments directly

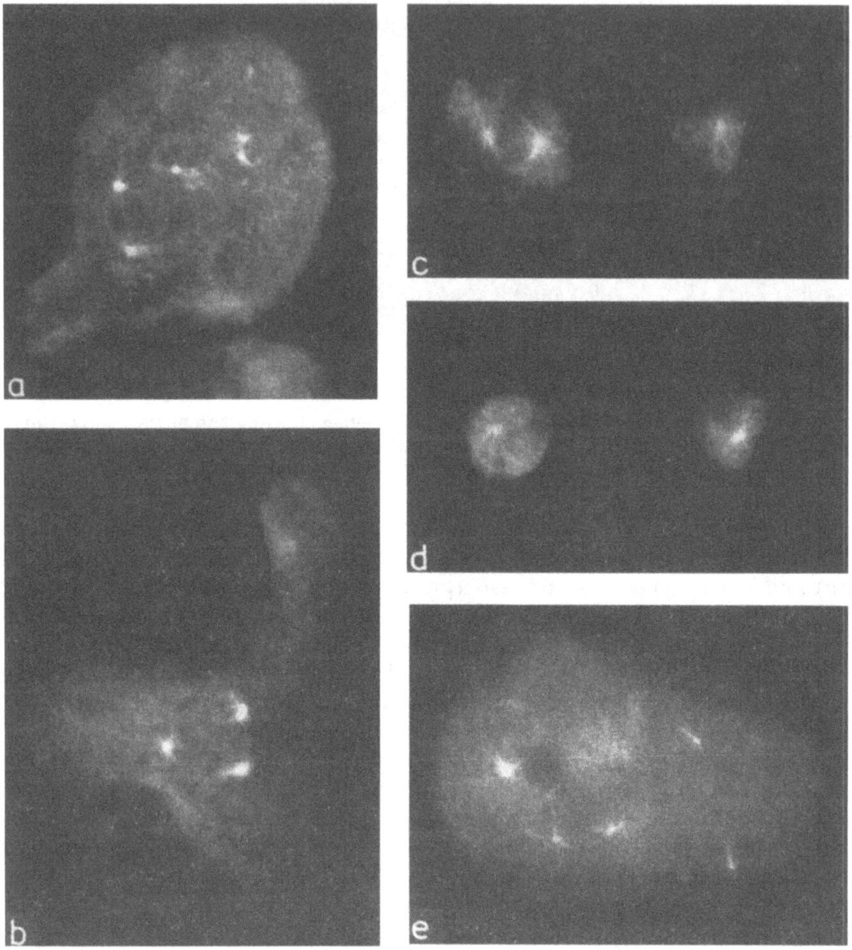

ig. 3. Immunofluorescence of *D. discoideum* Ax2 amoebae incubated for 18 and 24 hrs, respecti-ely with 7 μg/ml nocodazole (a and b), for 8 hrs with 10 mg/ml colchicine (c), for 8 hrs with) μg/ml IPC (d) and 24 hrs with 10 μg/ml thiabendazole (e). In all cells microtubules disappear almost completely and NAOs are prominent. (x 1260)

ıpport these results showing that *in vivo D. discoideum* microtubules are sensitive ɔ colchicine.

Vinblastine also has a clear antimicrotubular action, but tubulin paracrystals, 'hich are usually evident in treated mammalian cells (WEBER 1976), cannot be lentified in *D. discoideum*. However, it is not possible to exclude completely that nall tubulin paracrystals may be masked by the diffuse fluorescence seen in amoebae :eated with vinblastine.

The concentration of colchicine and vinblastine acting on *D. discoideum* microtu-ules are 1000 – 2000 times higher than those used to disassemble mammalian mi-rotubules. This can be due either to a low affinity of the tubulin molecule, or may epend on the higher stability of amoebae microtubules to these drugs because of ıe association of different proteins with tubulin (SLOBODA and ROSENBAUM 1979). n fact, NAOs and few tubules radiating from them are resistant and this could be ue to a protective effect of MAPs on these structures. MAPs are known to stabilize mammalian microtubules against different agents (HAGA and KROKAWA 1975) and may stabilize *D. discoideum* microtubules against colchicine and vinblastine as well. Alternatively, the microtubule resistance may be due to a low permeability of the cell membrane to the drugs. DMSO, however, known to increase colchicine penetration in the wild type *D. discoideum* NC-4 (ECKERT *et al.* 1977) does not reduce the amount of colchicine necessary to disrupt microtubules in our axenic Ax2 strain (unpublished observation). A strong anti microtubular effect can be observed with benzimidazole derivatives such as nocodazole and thiabendazole, at concentrations similar to those producing microtubule disassembly in other systems (DUSTIN 1978). The effects of nocodazole and thiabendazole are very similar and consist in the almost complete disruption of cytoplasmic microtubules in a few hours. NAOs, however, are resistant and their duplication is not affected within 24 hours. During this time cells became very enlarged and contain multiple NAOs in their cytoplasm. The inhibition of mitosis without affecting NAO duplication by benzimidazole inhibitors has already been observed in other systems (KÜNKEL and HÄDRICH 1977). However, further investigations are necessary to show whether duplication of NAOs and their subsequent segreation into different nuclear areas requires the presence of intact microtubules that are drug resistant.

In conclusion, our results show differences for the drug used in the intensity of the anti microtubular effect and in the ability to affect directly MTOCs. It also appears clear that the system of microtubules in slime mould amoebae shows remarkable similarities with the same structures in animal or plant cells regarding their organization and sensitivity to inhibitors. Therefore *D. discoideum* can be considered as an attractive model for the study of microtubules and microtubule related phenomena.

References

BURNS, R. G., 1973. ^{3}H-colchicine binding. Failure to detect any binding to soluble proteins from various lower organisms. Exp. Cell Res., **81**, 285—292.

CAPPUCCINELLI, P. and ASHWORTH, J. M., 1976. The effect of inhibitors of microtubule and microfilament function on the cellular slime mould *Dictyostelium discoideum*. Exp. Cell Res., **103**, 387—393.

CAPPUCCINELLI, P. and HAMES, B. D., 1978. Characterization of colchicine binding activity in *Dictyostelium discoideum*. Biochem. J., **169**, 499—504.

DUSTIN, P., 1978. Microtubules. Springer-Verlag Berlin—Heidelberg—New York.

ECKERT, B. J., WARREN, R. H. and RUBIN, R. W., 1977. Structural and biochemical aspects of cell motility in amoebae of *Dictyostelium discoideum*. J. Cell Biol., **72**, 339—350.

HAGA, T. and KROKAWA, M., 1975. Microtubules formation from two components separated by gel filtration of a tubulin preparation. Biochim. biophysica Acta, **392**, 335—345.

KÜNKEL, W. und HÄDRICH, H., 1977. Ultrastrukturelle Untersuchungen zur antimitotischen Aktivität von Methylbenzimidazol-2-ylcarbamat (MCB) und seinem Einfluß auf die Replikation des Kernassoziierten Organells („Centriolar Plaque", „MTOC", „KCE") bei *Aspergillus nidulans*. Protoplasma, **92**, 311—323.

SLOBODA, R. D. and ROSENBAUM, J. L., 1979. Decoration and stabilization of intact, smooth-walled microtubules with microtubule-associated proteins. Biochemistry, **18**, 48—55.

SUSSMAN, M., 1966. Biochemical and genetic methods in the study of cellular slime mould development. In: D. M. PRESCOTT (Editor), Methods in Cell Phiology, pp. 397—410. Academic Press New York.

UNGER, E., RUBINO, S., WEINERT, T. and CAPPUCCINELLI, P., 1979. Immunofluorescence of the tubulin system in cellular slime moulds. FEMS Microbiology Letters, **6**, 317—320.

WATTS, D. J. and ASHWORTH, J. M., 1970. Growth of myxamoebae of the cellular slime moulds *Dictyostelium discoideum* in axenic culture. Biochem. J., **119**, 171—174.

WEBER, K. and OSBORN, M., 1979. Intracellular display of microtubular structures revealed by indirect immunofluorescence microscopy. In: K. ROBERTS and J. S. HYAMS (Editors), Microtubules, pp. 279—313. Academic Press New York.

Mailing address: Dr. P. CAPPUCCINELLI
Institute of Microbiology, University of Sassari
Viale Mancini 5, 07100 Sassari, Italy

Zeitschrift für Allgemeine Mikrobiologie	22	2	1982	133–137

(Akademie der Wissenschaften der DDR, Forschungszentrum für Molekularbiologie und Medizin, Zentralinstitut für Mikrobiologie und experimentelle Therapie, Jena, Direktor: Prof. Dr. U. TAUBENECK)

Isolierung von Streptothricin-resistenten Mutanten aus *Escherichia coli* K12, Stamm A19

L. SEIDEL und INA HAUPT

(Eingegangen am 26. 4. 1981)

Mutants with various levels of resistance to streptothricin were isolated from *Escherichia coli* K12, strain A19 after mutagenesis with N-methyl-N'-nitro-N-nitroso-guanidine and ethylmethane-sulfonate. Nourseothricin, a mixture of streptothricin F and D was the selection agent. Spontaneous resistant mutants could not be found. The streptothricin-resistant mutant *E. coli* A19 Stc^r 2/2/1 shows cross-resistance to some of the aminoglycoside antibiotics investigated, but no cross-resistance to chloramphenicol and chlortetracyclin. These results indicate similar mechanisms of action of streptothricin and aminoglycoside antibiotics.

Streptothricine sind basische Antibiotica, die aus den Untereinheiten L-Glucosamin, Streptolidin und β-Lysin aufgebaut sind. Sie unterscheiden sich durch die Anzahl der β-Lysin-Reste, die 1–7 betragen kann (Streptothricin F, E, D, C, B, A, X). Meist werden Streptothricin-Gemische mit variierendem Komponenten-Verhältnis produziert (KHOKHLOV u. SHUTOVA 1972). Strepothricine sind gegen grampositive, gramnegative und säurefeste Bakterien in geringer Konzentration wirksam. Außerdem zeigen sie eine schwache antifungale Wirksamkeit gegen Hefen (BRADLER u. THRUM 1963). In vorangegangenen Versuchen wurde nachgewiesen, daß Streptothricin F die Proteinbiosynthese sowohl in intakten Zellen als auch in zellfreien Systemen von *Escherichia coli* beeinflußt. Streptothricin F hemmt signifikant die Translokation und in geringem Umfang auch die Bindung der Aminoacyl-tRNA, während die Peptidyltransferase-Reaktion nicht beeinflußt wird.

Außerdem wird ein falsches Ablesen bei der Translation der Poly(U), Poly(A) und Poly(C) abhängigen Polypeptidsynthese durch Streptothricin F verursacht. In Rattenleberextrakten wurden dagegen die Poly(U) abhängige bzw. endogene RNA abhängige Proteinsynthese durch Streptothricin F nicht gehemmt (HAUPT *et al.* 1978, 1980).

Zur detaillierten Aufklärung des Wirkungsmechanismus kann der Vergleich zwischen einem Streptothricin-sensitiven und einem Streptothricin-resistenten Stamm beitragen. Voraussetzung dafür ist, daß die Resistenz auf einer chromosomal bedingten Änderung der Struktur der Ribosomen bzw. der an der Proteinsynthese beteiligten Enzyme beruht.

In der vorliegenden Arbeit wird die Gewinnung von Streptothricin-resistenten Mutanten durch Mutagenbehandlung mit N-Methyl-N'-nitro-N-nitrosoguanidin und Äthylmethansulfonat beschrieben.

Material und Methoden

Material: Zur Erzeugung der Resistenzmutanten wurde *Escherichia coli* K12, Stamm A19 mutagenisiert. Als Mutagene wurden N-Methyl-N'-nitro-N-nitrosoguanidin (MNG) und Äthylmethansulfonat (EMS) verwendet (beide im ZIMET, Abt. Org. Chemie hergestellt). Zur Selektion Streptothricin-resistenter Mutanten diente Nourseothricin. Es enthält als Hauptkomponenten die Streptothricine F und D und als Nebenkomponenten die Streptothricine C und E. Nourseothricin wurde zur Herstellung von Selektionsplatten in aqua dest. (20 mg/ml) gelöst. Als Medium für die Selektionsplatten diente Nähragar I (NA I; Pankreatisches Pepton: 20,0 g/l, NaCl: 5,0 g/l, Agar: 12,0 g/l; VEB Immunpräparate Berlin). Für die Bestimmung der minimalen Hemmstoffkonzentration (MHK) erfolgte die Lösung von Nourseothricin in Nährbouillon I (NB I; Pankreatisches Pepton: 20,0 g/l, NaCl: 5,0 g/l; VEB Immunpräparate Berlin).

Bestimmung der minimalen Hemmstoffkonzentration: Die Bestimmung der MHK wurde im Reihen-Verdünnungstest durchgeführt, wobei die stärkste Nourseothricinkonzentration 1000 µg je ml betrug, alle weiteren die Hälfte der vorangegangenen. Die MHK-Reihe wurde mit 0,1 ml einer 1:100 verdünnten Übernachtkultur beimpft und 24 h bei 37 °C bebrütet.

N-Methyl-N'-nitro-N-nitrosoguanidin-Mutagenese: Zur MNG-Mutagenese kamen Bakterienkulturen, die sich in der exponentiellen Wachstumsphase befanden, zur Anwendung. 5 ml NB I wurden mit 0,05 ml einer Übernachtkultur beimpft und 3 bis 5 h bei 37 °C bebrütet. Anschließend wurde die Kultur mit einer Tischzentrifuge (Janetzki T 30) 10 min zentrifugiert und das Sediment mit 50 ml Acetatpuffer (0,2 M, pH 5) resuspendiert. Der Acetatpuffer enthielt 100 µg MNG pro ml. Es schloß sich eine 30minütige Inkubation im Wasserbad bei 37 °C an. Danach wurden die Zellen abzentrifugiert, in Phosphatpuffer (0,02 M, pH 7) gewaschen und in 5 ml frischem Medium resuspendiert. Jeweils 0,5 ml dieser Kultur wurden zu 4,5 ml frischer NB I gegeben und 24 h zur Expression der Mutationen bei 37 °C bebrütet.

Äthylmethansulfonat-Mutagenese: Ausgangsmaterial für die EMS-Mutagenase waren Bakterienkulturen, die sich in der exponentiellen Wachstumsphase befanden. Die Zellen wurden abzentrifugiert, in Phosphatpuffer aufgenommen, der 5% EMS enthielt, und 30 min bei 37 °C inkubiert. Anschließend wurden die Zellen abzentrifugiert und in 5 ml NB I aufgenommen. Von diesen 5 ml wurden jeweils 0,5 ml zu 4,5 ml NB I gegeben und 24 h bei 37 °C bebrütet.

Selektion von Streptothricin-resistenten Mutanten: Die zur Expression gebrachten, mutagenisierten Kulturen wurden durch Zentrifugation auf $^1/_{10}$ ihres Volumens konzentriert und auf Selektionsplatten ausgespatelt. Das Medium der Selektionsplatten bestand aus NA I und unterschiedlichen Konzentrationen an Nourseothricin. Pro Selektionsplatte kam 0,1 ml konzentrierte Bakterienkultur zur Ausspatelung. Die Selektionsplatten wurden bei 37 °C bebrütet. Gut gewachsene Kolonien wurden zur Reinigung der Mutanten auf Platten mit einer der MHK entsprechenden Nourseothricinkonzentration ausgestrichen.

Ergebnisse

Im Verlauf der Arbeit wurden 4 MNG-Mutagenesen und eine EMS-Mutagenese durchgeführt. In Tabelle 1 sind die erzeugten Mutanten mit den entsprechenden MHK-Werten aufgeführt. Die Nomenklatur der Mutanten ist so angelegt, daß aus der Anzahl der Ziffern die Anzahl der Mutagenesen hervorgeht. Die Ziffern geben die Abstammung der Mutante an.

Tabelle 1

Erzeugte *Escherichia coli*-Mutanten und entsprechende minimale Hemmstoffkonzentrationen (MHK) an Nourseothricin

Stamm	MHK (µg/ml)
E. coli A19 (Wildtyp)	8
E. coli A19 Stc^r 1	62
E. coli A19 Stc^r 2	125
E. coli A19 Stc^r 3	62
E. coli A19 Stc^r 4	62
E. coli A19 Stc^r 5	125
E. coli A19 Stc^r 2/1	250
E. coli A19 Stc^r 2/2	250
E. coli A19 Stc^r 2/1/1	500
E. coli A19 Stc^r 2/1/2	500
E. coli A19 Stc^r 2/1/3	250
E. coli A19 Stc^r 2/2/1	1000
E. coli A19 Stc^r 2/2/2	500

Alle Mutanten mit Ausnahme der Mutante *E. coli* A19 Stc^r 2/2/2 wurden durch MNG-Mutagenese erzeugt. Die Mutanten *E. coli* A19 Stc^r 2/2/2 entstand durch EMS-Mutagenese aus *E. coli* A19 Stc^r 2/2. Die Isolierung von Streptothricin-resistenten Spontanmutanten war ergebnislos. Die Resistenzeigenschaften der Mutanten blieben über 5 Passagen auf Nähragar bzw. in Nährbouillon stabil. Durch Lyophilisierung der Mutanten wurden die Resistenzeigenschaften ebenfalls nicht beeinflußt. Das Wachstum aller Zweit- und Drittschrittmutanten wurde mit dem des Wildtyps verglichen. Dabei zeigte sich, daß die Mutante *E. coli* A19 Stc^r 2/2/1 trotz hoher MHK-Werte ein sehr gutes Wachstum aufwies (Abb. 1).

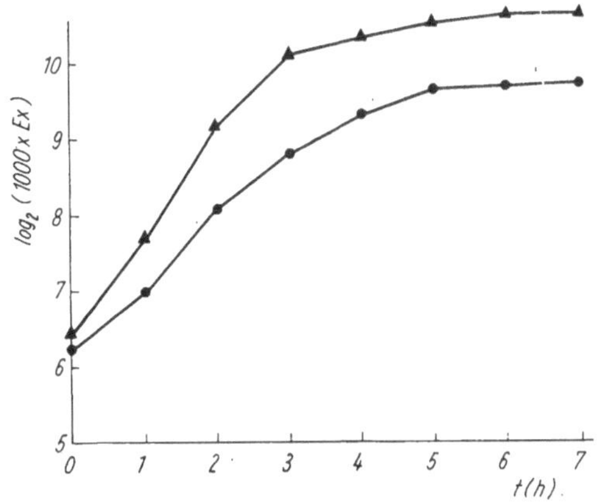

Wachstumskurven von *E. coli* A19 (Wildtyp) ▲ und *E. coli* A19 Stc^r 2/2/1 ●

Die Kreuzresistenz der Streptothricin-resistenten Mutante *E. coli* A 19 Stc^r 2/2/1 zu anderen Antibiotica wurde überprüft. Die Ergebnisse sind in Tabelle 2 zusammengefaßt.

Die Streptothricin-resistente Mutante *E. coli* A19 Stc^r 2/2/1 ist mit den untersuchten Aminoglykosid-Antibiotica kreuzresistent, nicht aber mit Chloramphenicol und Chlortetracyclin.

Tabelle 2

Vergleich der minimalen Hemmstoffkonzentration (MHK) verschiedener Antibiotica gegenüber dem Wildtyp *E. coli* A19 und der Streptothricin-resistenten Mutante *E. coli* A19 Stc^r 2/2/1

Antibioticum	MHK (μg/ml) von *E. coli* A19	MHK (μg/ml) von *E. coli* A19 Stc^r 2/2/1
Nourseothricin	8	1000
Streptothricin F	16	1000
Streptomycin	8	250
Kanamycin	8	500
Gentamicin	4	125
Neomycin	8	125
Paramomycin	16	500
Chloramphenicol	16	16
Chlortetracyclin	62	62

Diskussion

Frühere Untersuchungen haben gezeigt, daß die Streptothricine einen ähnlichen Wirkungsmechanismus in der Proteinsynthese haben wie die Aminoglykosid-Antibiotica. Beide Antibioticagruppen sind typische Hemmstoffe der Translokation der Proteinsynthese und induzieren ein falsches Ablesen der genetischen Information (Haupt *et al.* 1978, 1980, Cabanas *et al.* 1978a, b, Misumi *et al.* 1978).

Während es eine umfangreiche Literatur über Aminoglykosid-Antibiotica-resistente Mutanten gibt (Benveniste u. Davies 1973, Buckel *et al.* 1977, Dabbs 1978, Kühberger *et al.* 1979), wurden Streptothricin-resistente Mutanten nur selten beschrieben (Stapley 1958, Taniyama *et al.* 1972). Die von Taniyama erzeugten Streptothricin-resistenten Mutanten erwiesen sich als nicht sehr stabil und müssen vor ihrer Verwendung auf Streptothricin-haltigen Platten angezogen werden, um die entsprechende Resistenz zu erhalten (Taniyama, pers. Mitteilung).

Im Verlauf unserer Arbeiten konnten wir eine Reihe von stabilen Streptothricin-resistenten Mutanten mit unterschiedlichem Resistenzgrad erzeugen. Die schrittweise Erhöhung der Resistenz durch mehrere Mutagenesen und das Fehlen spontaner Resistenzmutanten weist darauf hin, daß es sich um eine Vielschritt-Resistenz handelt. Die Mutante *E. coli* A19 Stc^r 2/2/1 zeigte Kreuzresistenz zu den untersuchten Aminoglykosid-Antibiotica, was mit den ähnlichen Wirkungsmechanismen beider Antibioticagruppen erklärt werden kann. Bereits von Waksman u. Lechevalier (1962) wurde auf eine Kreuzresistenz zwischen Streptomycin und Streptothricin hingewiesen. Die Streptothricin-resistente Mutante zeigte keine Kreuzresistenz zu Chloramphenicol und Chlortetracyclin. Es kann sich bei der erzeugten Resistenzmutante deshalb nicht um eine unspezifische Veränderung der Permeabilität der Zellwand für Antibiotica handeln.

Für Aminoglykosid-Antibiotica sind verschiedene Resistenzmechanismen beschrieben worden, die Plasmid-bedingte Resistenz durch enzymatische Modifikation der Antibiotica und die meist chromosomal bedingte Veränderung des Angriffsortes am Ribosom sowie der aktiven Aufnahmemechanismen (Benveniste u. Davies 1973).

Da durch Mutagenese mit N-Methyl-N'-nitro-N-nitrosoguanidin und Äthylmethansulfonat im allgemeinen chromosomale Veränderungen erzeugt werden, ist eine Plasmid-codierte enzymatische Modifikation bei unseren Mutanten auszuschließen. Erste Untersuchungen über die Ursache der Resistenz von *E. coli* A19 Stc^r 2/2/1 haben jedoch gezeigt, daß die Resistenz nicht auf eine geringere Sensibilität der Polypeptidsynthese zurückgeführt werden kann. Inkorporationsversuche von [^{14}C]-Phenylalanin in das System der zellfreien Proteinsynthese von *E. coli* A19 und von der Mutante *E. coli* A19 Stc^r 2/2/1 unter dem Einfluß von Streptothricin F und Nourseothricin haben keine Verringerung der Hemmung des Einbaus in das Mutantensystem gezeigt (Seidel 1980). Diese Untersuchungen schließen jedoch nicht aus, daß bei der Mutante das falsche Ablesen in der Proteinsynthese verringert ist, was in weiteren Versuchen geklärt werden soll.

Literatur

Benveniste, R. and Davies, J., 1973. Mechanisms of antibiotic resistance in bacteria. Ann. Rev. Biochem., **42**, 471–506.

Bradler, G. und Thrum, H., 1963. Nourseothricin A und B, zwei neue antibakterielle Antibiotika einer *Streptomyces noursei*-Variante. Z. Allg. Mikrobiol., **3**, 105–112.

Buckel, P., Buchberger, A., Böck, A. and Wittmann, H. G., 1977. Alteration of ribosomal protein L6 in mutants of *Escherichia coli* resistant to gentamicin. Molec. gen. Genet., **158**, 47–54.

Cabanas, M. J., Vázquez, D. and Modolell, J., 1978a. Dual interference of hygromycin B with ribosomal translocation and with aminoacyl-tRNA recognition. Eur. J. Biochem., **87**, 21–27.

CABANAS, M. J., VÁZQUEZ, D. and MODOLELL, J., 1978b. Inhibition of ribosomal translocation by aminoglycoside antibiotics. Biochem. Biophys. Res. Commun., **83**, 991–997.
DABBS, E. R., 1978. Kasugamycin-dependent mutants of *Escherichia coli*. J. Bacteriol., **136**, 994–1001.
HAUPT, I., HÜBENER, R. and THRUM, H., 1978. Streptothricin F, an inhibitor of protein synthesis with miscoding activity. J. Antib., **31**, 1137–1142.
HAUPT, I., JONÁK, J., RYCHLÍK, I. and THRUM, H., 1980. Action of streptothricin F on ribosomal functions. J. Antib., **33**, 636–641.
KHOKHLOV, A. S. and SHUTOVA, K. J., 1972. Chemical structure of streptothricins. J. Antib., **25**, 501–508.
KÜHBERGER, R., PIEPERSBERG, W., PETZET, A., BUCKEL, P. and BÖCK, A., 1979. Alteration of ribosomal protein L6 in gentamicin-resistant strains of *Escherichia coli*. Effects on fidelity of protein synthesis. Biochemistry, **18**, 187–193.
MISUMI, M., NISHIMURA, T., KOMAI, T. and TANAKA, N., 1978. Interaction of kanamycin and related antibiotics with the large subunit of ribosomes and inhibition of translocation. Biochem. Biophys. Res. Commun., **84**, 358–365.
SEIDEL, L., 1980. Isolierung von Streptothricin-resistenten Mutanten aus *Escherichia coli* K 12, Stamm A 19. Diplomarbeit, Jena.
STAPLEY, E. O., 1958. Cross-resistance studies and antibiotic identification. Appl. Microbiol., **6**, 392–398.
TANIYAMA, H., SAWADA, H., USHIRODA, I. and TAHARA, K., 1972. Resistant strain against streptothricin group antibiotics. Jap. J. Antibiot., **25**, 79–83.
WAKSMAN, S. A. and LECHEVALIER, H. A., 1962. The Actinomycetes, Vol. III. Antibiotics of *Actinomyces*. The Williams & Wilkins Company, Baltimore.

Anschrift: L. SEIDEL
Zentralinstitut für Mikrobiologie und
experimentelle Therapie der AdW
DDR-6900 Jena, Beutenbergstr. 11

Zeitschrift für Allgemeine Mikrobiologie	22	2	1982	139–148

(Fachrichtung Mikrobiologie, Universität des Saarlandes,
D-6600 Saarbrücken 11)

Microbial methane oxidation in the River Saar

U. ZAISS, P. WINTER and H. KALTWASSER

(Eingegangen am 6. 5. 1981)

In the River Saar, the distribution of methane-oxidizing bacteria and their metabolic activity were determined in vertical and longitudinal profiles. At the sediment surface about two orders of magnitude more methane oxidizers were detected than in the overlying water. In the river as well as in laboratory experiments, the rate of methane oxidation was closely related to the concentration of methane. Most of the methane produced by methanogenic bacteria in the sediment escaped into the atmosphere. On the average only 1.2% of the produced methane was oxidized in the water phase.

In lake sediments methane was shown to be one of the most important end products of anaerobic decomposition. It is oxidized to a certain extent by methylotrophic bacteria in the overlying water and if the lake is stratified, the oxygen budget is significantly affected by this process (OHLE 1958, CAPPENBERG 1972, RUDD and HAMILTON 1978). Methane is usually not expected to be present in running water. However, if the current velocity is reduced by sluices and impoundment, transported particulate matter may settle in large quantities. In the River Saar which is heavily loaded with municipal and industrial wastes, such anaerobic sediments are formed in canalized river parts. Methane production is therefore encountered at rates which often exceed those observed in stratified eutrophic lakes (ZAISS and KALTWASSER 1979). Since the river water is turned over during the entire year, methane is largely transferred to the atmosphere and does not accumulate to high concentration. In addition, the oxygen content is comparatively high which, according to RUDD *et al.* (1976), might inhibit methane oxidation. Nearly no quantitative information is available about methane oxidation and its role in the carbon cycle of rivers and streams. In the River Saar with its high methane production the following investigation was therefore undertaken in order to study the ecology of methane-oxidizing bacteria in running waters.

Materials and methods

Water and sediment samples were collected along the entire River Saar at the sampling stations indicated in Fig. 1. Water samples were taken with sterile glass flasks from a water depth of 30 cm at a 2 m distance from the shore or for the depth profiles by means of a RUTTNER water collector. Sediment samples were taken with a LENZ dredge (HYDRO-BIOS, Kiel). At the station, subsamples were immediately transferred from the surface of the sediment core (0 – 2 cm) into sterile glass flasks.

Oxygen, nitrate, and ammonia were determined according to the "Deutsche Einheitsverfahren" (1975). The biochemical oxygen demand was determined in roll tubes, sealed with injection stoppers. The tubes containing 30 ml river water were incubated at *in situ* temperature for five days with oxygen consumption monitored by gas chromatography (PERKIN-ELMER F 22 gas chromatograph; carrier gas: 15 ml He/min; molecular sieve 5 Å column, 2 m · $^1/_8$″; 40 °C; hot wire detector). Aerobic, heterotrophic bacteria were enumerated on tryptone glucose extract agar (MERCK, Darmstadt) incubated at 28 °C for one week.

The concentration of methane-oxidizing bacteria was determined by the MPN-method using five parallel tubes for each dilution with the mineral medium according to OVERBECK (1965) which contained in 1 l distilled water 0.5 g K_2HPO_4, 1.0 g NH_4Cl, 0.34 g $MgSO_4 \cdot 7\,H_2O$, and 0.001g $FeCl_3$. According to CAPPENBERG (1972), 1 ml/l of a micronutrient solution with the following composition was added: 2 g $NaHCO_3 \cdot 10\,H_2O$, 0.3 g $MnSO_4 \cdot 4\,H_2O$, 0.02 g $(NH_4)_6Mo_7O_{24} \cdot 4\,H_2O$, 0.5 g $CuSO_4 \cdot 5\,H_2O$, 0.2 g $Al_2(SO_4)_3$, 0.5 g $Co(NO_3)_2 \cdot 6\,H_2O$, 4.3 g EDTA, 1 l distilled water. The MPN-tubes were incubated under a methane/air atmosphere (1:1) at 28 °C for 3 weeks. Growth was indicated by the formation of a surface pellicle. In preliminary studies different types of pellicles were transferred into ERLENMEYER flasks equipped with a gas control device according to NAGUIB (1970). In these culture units methane oxidation and carbon dioxide production were monitored gas chromatographically under the same growth conditions.

Methane concentration and methane oxidation rates (MOR) in the river water were determined gas chromatographically by headspace analysis. At the sampling stations, subsamples were filled carefully into calibrated 50-ml-tubes which were sealed with injection stoppers. In the laboratory they were incubated under *in situ* temperature. In gas samples (100 µl) removed from the headspace of the tubes at daily intervals, the methane concentration was measured using a PERKIN-ELMER F 22 gas chromatograph, equipped with a flame ionization detector and a Porapak Q column (2 m · $^1/_8$″). The obtained data were corrected by adding the calculated amount of methane dissolved in the water (using coefficients according to LAX and D'ANS 1967) and by substracting the amount of methane present in the air at the sampling stations. Methane oxidation rates were calculated from the linear decrease in methane concentration observed during the first days of incubation by regression analysis. Correlation coefficients and regression analysis were employed according to WEBER (1967).

Results

The River Saar

Regarding pollution and current velocity, the River Saar consists of three different major regions (ZAISS *et al.* 1979). The upper part with high current velocities is not markedly polluted and, with few exceptions as for instance at water mills, not impounded. On the 120 km from station 1 to 6 (Fig. 1) it runs through rural districts. Sewage is discharged from small villages and nutrients enter the river by surface runoff from cultivated land. — From Sarreguemines (km 120), where the Saar-Coal-Canal is connected to the River Saar, to Ensdorf (km 160) the river is canalized and further downstream until Mettlach (km 204) canalization is under construction. At Mettlach the river is impounded by a hydroelectric power plant with several kilometers of back-water. This middle reach is characterized by low current velocities and severe pollution by municipal and industrial wastewaters. — Downstream from Mettlach the river is not impounded and current velocities are high, as indicated by the steep slope in Fig. 1b. This third part of the river is polluted by municipal wastewaters which in most cases are untreated, and by runoff from the well fertilized vineyards. At the last sampling station, the River Saar is again canalized.

The degree of pollution is indicated by chemical and biological parameters, shown in Fig. 2. The concentration of nitrate increased continuously from the source to the mouth. Due to the sewage water discharges and nitrification, the ammonia concentration fluctuated within a wide range, exhibiting highest values immediately downstream from outfalls. Downstream from Völklingen (km 152) the pollution was so severe that ammonia was not significantly oxidized between the wastewater outfalls. The number of aerobic saprophytes increased also along the water course. Elevated biochemical oxygen demand was observed only in the lower part, possibly due to sedimentation, since particles from sewage water-containing organic carbon settle rapidly within the impounded river parts.

Methodical investigations

In preliminary experiments, methane-oxidizing bacteria were enriched under a methane/air atmosphere using several methods. When diluted water samples or bacteria, concentrated on membrane filters, were placed on mineral media solidified

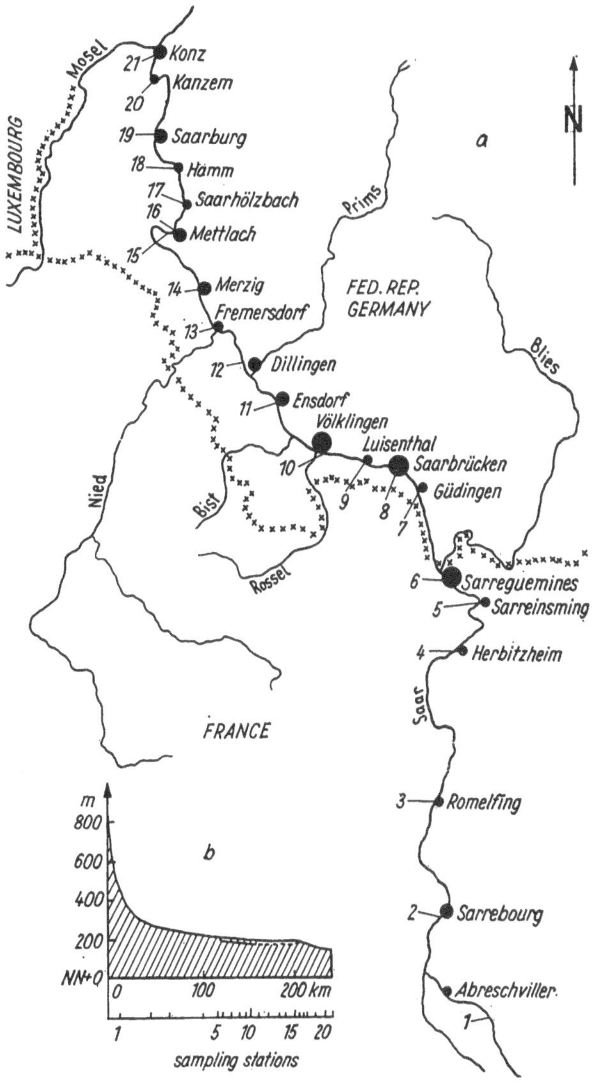

Fig. 1. The River Saar and its main tributaries with locations of the sampling stations consecutively numbered (a), longitudinal section of the River Saar with the altitudes of the sampling stations (b). Boxes: impound river parts

with agar or silica gel or on absorbent pads, no significant differences in colony numbers were observed, compared to experiments in which methane was replaced by nitrogen. Microscopic examinations of colonies often revealed *Hyphomicrobium* and *Nocardia* species. Apparently oligocarbophilic bacteria dominated which are able to grow at the expense of organic matter present in agar, silica gel, absorbent pads or membrane filters. In pure mineral medium used with the MPN-technique such organisms exhibited growth only occasionally in dilution 10^1 under nitrogen.

In order to prove the presence of methane-oxidizing bacteria in the surface pellicles formed under a methane/air atmosphere, different pellicles were transferred into fresh mineral medium and methane oxidation was monitored gas chromatographi-

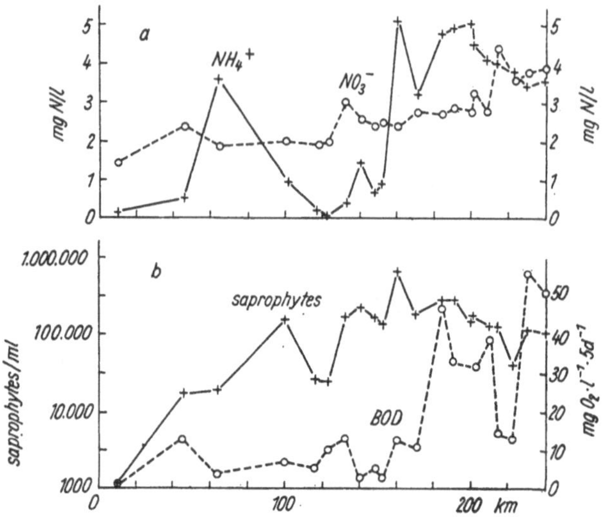

Fig. 2. Nitrate and ammonia concentration (a), aerobic, saprophytic bacteria and biochemical oxygen demand (BOD) in a longitudinal profile of the River Saar (b) in spring 1979

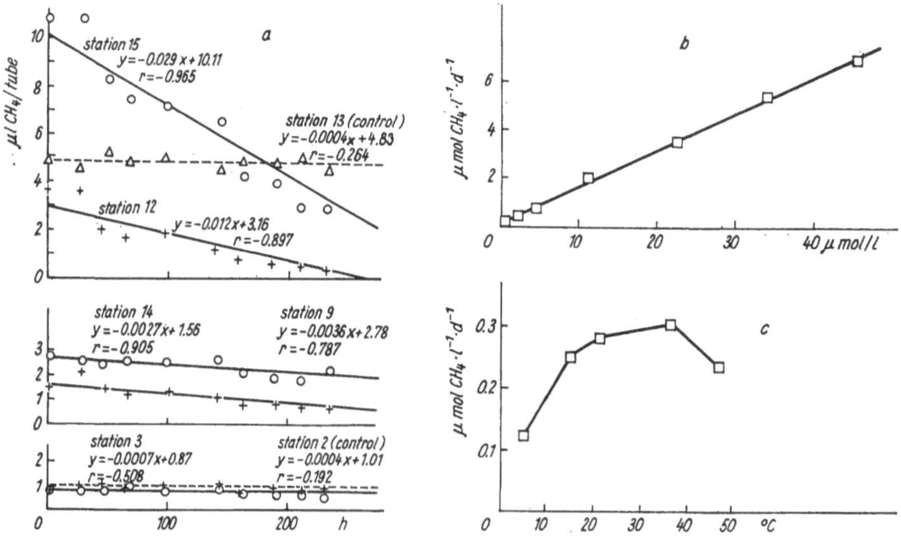

Fig. 3. Methane oxidation in samples taken from different stations in July 1978 (a). Functions of regression lines and correlation coefficients (r) are given in the diagram. Controls were run with chloroform added. Effect of added methane (b) and of temperature (c) on the rate of methane oxidation

cally. Cell growth, a linear decrease in methane concentration and an increase in carbon dioxide was observed in 16 of 20 cases indicating that at least 80% of the positive MPN-tubes contained methane-oxidizing bacteria. There was no indication that the remaining 20% were not methane oxidizers, since cultures which once exhibited methane oxidation often ceased to grow when transferred into fresh medium. Furthermore it has to be assumed that viable counts obtained by this method only represent a small percentage of the methylotrophic bacteria actually present in the environment, as demonstrated by Whittenbury *et al.* (1976) with pure cultures.

The disappearance of methane measured during the incubation of water samples from various stations is shown in Fig. 3a. The significance of the methane decrease was expressed by means of the correlation coefficients. In samples taken from the canalized part of the river, high rates of methane oxidation were observed as indicated by the significant rate of methane disappearance. Low rates were observed in samples from the lower and upper part of the river whereas nearly no methane oxidation was observed in the controls poisoned with chloroform. In laboratory experiments, rising concentrations of methane stimulated methane oxidation but a saturating concentration was not reached, even with 45 μmol CH_4/l present, as shown in Fig. 3b. This concentration was three times higher than the highest methane concentration observed in the river. The effect of temperature on methane oxidation is shown in Fig. 3c. Maximum rates were observed at 37 °C. At the mean annual temperature of the River Saar (15 °C), the oxidation rate was only slightly lower.

Distribution and activity of methane-oxidizing bacteria

The vertical distribution of methane-oxidizing bacteria (MOB) and their activity was analysed at the deepest sampling station (No 15), in the back-water of the hydroelectric power plant Mettlach. If a vertical stratification occurred, it was expected at this station during low water discharge in autumn. Fig. 4 indicates that even under these circumstances no thermal stratification was observed. The oxygen concentration was low, ranging between 1.0 and 2.7 mg/l, with higher concentrations found at the surface.

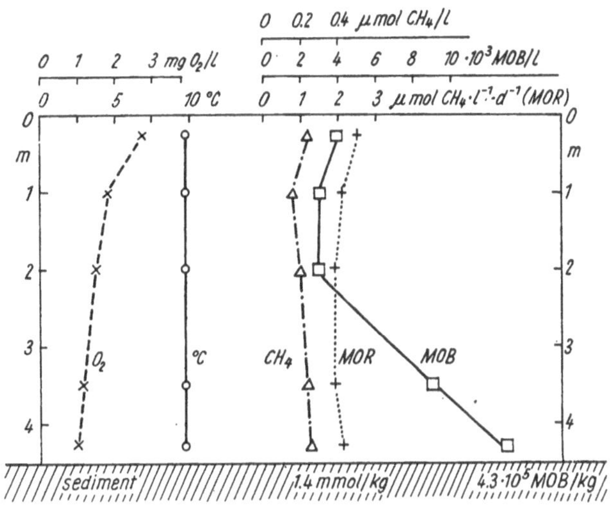

Fig. 4. Depth profiles of temperature, oxygen, methane, methane-oxidizing bacteria (MOB) and methane oxidation rate (MOR) at the hydroelectric power plant Mettlach (station 15) taken in autumn 1979

At Mettlach the concentration of methane dissolved in the water was nearly constant in the entire water column, but in the sediment about four orders of magnitude more methane were detected. Correspondingly, the methane oxidation rate (MOR) was constant from the surface to the ground. The number of methane-oxidizing bacteria, however, did not agree with these two vertical profiles. In the deeper water layers, the concentration of these bacteria increased noticably. A further increase was observed in the upper layers of the sediment, where two orders of magnitude more methane-oxidizing bacteria were found than in the surface water layers.

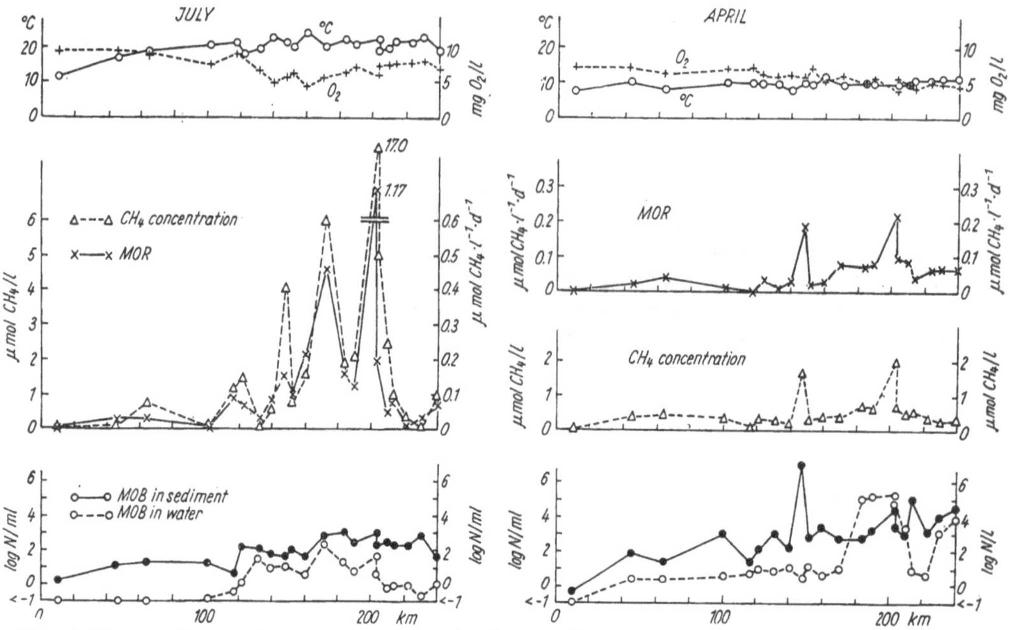

Fig. 5. Temperature and oxygen concentration (upper diagrams), methane oxidation rate (MOR) and methane concentration (middle diagrams), methane-oxidizing bacteria (MOB) in sediment and water (lower diagrams) as determined in July 1978 (left side) and April 1979 (right side)

Fig. 5 presents two longitudinal profiles of the River Saar. One of them was taken in July 1978 during low water and the other in April 1979 during medium high water. Depending on the seasons, the average temperature was 20 °C in summer and about 10 °C in spring. The oxygen content of the water decreased slightly from the source to the mouth in both cases but in summer the effect of canalization was indicated by low concentrations intermittently occurring between Sarreguemines (km 120) and Mettlach (km 204).

In the french part of the river, the methane concentration was less than 1 μmol/l in both seasons and also in other profiles not shown. Significantly higher concentrations, however, were observed in the canalized part in July. Up to 17.0 μmol CH_4/l were detected with values fluctuating within a wide range. Due to high current velocities, little methane was found again downstream from Mettlach (km 204). In April the concentration of 1 μmol CH_4/l was exceeded only two times in the canalized part. The methane oxidation rate was well correlated to the methane concentration exhibiting nearly the same pattern along the river.

The number of methane-oxidizing bacteria was low in the upper river part. In the summer, methylotrophic bacteria were not at all detected, even in one gram of wet sediment. In Sarreguemines (km 120), where the canalization of the river begins, the concentration of these bacteria increased markedly. This increase was most pronounced in summer, whereas in April no such effect of canalization was observed. Downstream from Mettlach (km 204) in the non-canalized part, the numbers of methane-oxidizing bacteria decreased again in the water phase. Usually the numbers of these bacteria were one to two orders of magnitude higher at the surface of the sediment than in the water. The water course from km 160 to 204 was under construction during these investigations. Therefore excavation and diversion of water through by-pass ditches affected the natural distribution of the bacteria, as shown in Fig. 5 (lower diagram, left side).

Discussion

Several ecological studies on methane oxidizers in lakes have been reported but hardly anything is known about these bacteria in running waters. After studying several types of waters (ponds, reservoirs, and rivers), WHITTENBUR Y*et al.* (1976) only reported that numbers "varied from less than 100 per ml in 'clean' waters to 1800 or more per ml in the obviously polluted waters". Numbers of methane oxidizers found in the River Saar were within this range, but closer to the lower threshold given by WHITTENBURY *et al.* (1976) for clean waters. In a brook on the bottom of which mine gas escapes from a coal vein, ZAISS (1981b) detected only less than 10 methane oxidizers per ml of water. This low population density was due to the high current velocity. More methane-oxidizing bacteria are usually found in water of lakes. For example OVERBECK and OHLE (1964) detected $3 \cdot 10^6$, CAPPENBERG (1972) more than $5 \cdot 10^5$ and REED and DUGAN (1978) even up to $8 \cdot 10^3$ MOB/ml of the species *Methylomonas methanica* and *Methylosinus trichosporium* by means of a fluorescent antibody staining technique. In the water of ditches in which the water was probably running slowly, DE BONT (1976) detected some hundreds of methane oxidizers per ml. At the sediment surface of different waters, the number of methane oxidizers was some orders of magnitude higher than in the water phase just as in the River Saar. For example DE BONT (1976) observed $7 \cdot 10^4$ to $13 \cdot 10^4$, REED and DUGAN (1978) $4.8 \cdot 10^3$ to $5.1 \cdot 10^5$, WHITTENBURY *et al.* (1976) $5 \cdot 10^4$ and ZAISS (1981b) $2.3 \cdot 10^3$ methane oxidizers per gram of sediment.

In eutrophic lakes, the detected concentration of methane was usually higher than in the River Saar, where on average 3.7 μmol/l were determined in the canalized part. In lakes methane oxidation was mainly observed in a narrow layer in which both methane and oxygen occurred simultaneously (e.g. RUDD and HAMILTON 1975, RUDD *et al.* 1974). In these layers methane concentrations were only slightly higher than in the river. RUDD and HAMILTON (1975) reported that concentrations between 0.37 and 38.3 μmol CH_4/l were typical for these layers of methane oxidation. Below these zones, however, the methane concentration was some orders of magnitude higher.

The rates of methane oxidation observed in the canalized part of the River Saar are therefore similar to those determined in other environments, as shown in Table 1. Only RUDD *et al.* (1974) and IVANOV *et al.* (1978) reported significantly higher data. Nearly nothing is known about the rates at which methane is oxidized at the sediment surface. Only ZAISS (1981b) who studied an oligosaprobic brook reported the results shown in Table 1. The method used was not applicable to the sediments of the River Saar, since in the river both methane production and oxygen consumption occurred at high rates. In such environment, the rate of methane oxidation can therefore only be determined by means of a radiotracer technique.

The *in situ* activity of methane-oxidizing bacteria seemed to be controlled by the methane concentration, as shown in laboratory experiments (Fig. 3b) and field observations (Fig. 5). This was, so far, not affirmed by other authors. In a Canadian shield lake methane oxidation was only limited, when less than 10 μmol/l of methane were present, as reported by RUDD and HAMILTON (1975); higher concentrations did not increase methane consumption. Concentrations between 0 and 10 μmol/l were often observed in the River Saar but higher concentrations of methane stimulated its oxidation in the river.

RUDD and HAMILTON (1975) and SANSONE and MARTENS (1978) reported that oxygen exceeding concentrations of about 1 mg/l was inhibitory to methane oxidation. This inhibition, however, was due to an oxygen-sensitive nitrogen fixation process (RUDD *et al.* 1976, DALTON and WHITTENBURY 1976) and was only observed under nitrogen limitation. In the River Saar which is heavily polluted by domestic wastes

Table 1
Comparison of methane oxidation rates in different environments

Authors	environment	methane oxidation rate
JANNASCH (1975)	Lake Kiwu	0.042—0.89 $\mu mol \cdot l^{-1} \cdot d^{-1}$
RUDD *et al.* (1974)	Canadian Shield Lake	3.6 —24 $\mu mol \cdot l^{-1} \cdot d^{-1}$
WELCH *et al.* (1980)	methane enriched arctic lake	0.32 $\mu mol \cdot l^{-1} \cdot d^{-1}$
SANSONE and MARTENS (1978)	marine bight	0.026—0.21 $\mu mol \cdot l^{-1} \cdot d^{-1}$
IVANOV *et al.* (1978)	coal-mine waters	1.5 —40.4 $\mu mol \cdot l^{-1} \cdot d^{-1}$
ZAISS (1981b)	brook polluted with mine gas	0.005 $\mu mol \cdot l^{-1} \cdot d^{-1}$
	sediments thereof	2.7 —537 $\mu mol \cdot l^{-1} \cdot d^{-1}$
This study	River Saar	0.05 —1.17 $\mu mol \cdot l^{-1} \cdot d^{-1}$

Table 2
Comparison of methane production in the sediment and methane oxidation in the overlying water

No.	Sampling station	km	CH_4 production $mmol \cdot m^{-2} \cdot d^{-1}$	CH_4 oxidation $mmol \cdot m^{-2} \cdot d^{-1}$	% of CH_4 oxidized
1	Abreschviller	10	0	0	—
2	Sarrebourg	46	28	0.03	0.11
3	Romelfing	64	1.8	0.02	1.11
4	Herbitzheim	101	22	0	0
5	Sarreinsming	117	4.9	0.04	0.82
6	Sarreguemines	122	78	0.18	0.23
7	Güdingen	132	118	0.11	0.09
8	Saarbrücken	140	26	0.33	1.27
9	Luisenthal	148	40	0.48	1.20
10	Völklingen	152	159	0.29	0.18
11	Ensdorf	160	371	1.01	0.27
12	Dillingen	171	178	0.97	0.54
13	Fremersdorf	184	39	0.29	0.74
14	Merzig	190	98	0.23	0.23
15	Mettlach u.[1])	204	247	9.84	3.84
16	Mettlach d.[1])	204	20	0.40	2.00
17	Saarhölzbach	209	3.6	0.10	2.78
18	Hamm	214	3.1	0.08	2.58
19	Saarburg	223	0.3	0.01	3.33
20	Kanzem	230	1.4	0.04	2.86
21	Konz	240	116	0.28	0.24

[1]) u. = upstream and d. = downstream from the hydroelectric power plant

(SCHNEIDER *et al.* 1981), nitrate and ammonia were always present at high concentrations (Fig. 2). Therefore, an oxygen inhibition was not expected to occur. Correspondingly, neither a limitation by phosphate, as supposed by WHITTENBURY *et al.* (1976) in other waters, nor shortages in other nutrients seemed to be of importance to methane-oxidizing bacteria in this river.

Temperature appeared to affect more significantly the oxidation rate as shown in laboratory experiments. Field observations, however, were not able to prove this assumption, since low temperatures occurred together with high water discharges and low methane concentrations (ZAISS 1981a). RUDD and HAMILTON (1975) reported an optimum temperature for methane oxidation of 26 °C which is about 10 °C lower than that observed in the River Saar. In the lake studied by these authors, temperature was not assumed to be a limiting factor.

In order to determine its significance in the carbon cycle of the River Saar, the rate of methane oxidation was compared with that of methane production. In Table 2, the calculation for methane production was based on a sediment depth of 10 cm which, according to Zaiss and Kaltwasser (1979), represents the zone of highest activity. Methane oxidation was calculated for the mean water depth, using the data from July shown in Fig. 5. Both parameters were measured on the same day. According to these results only a small portion of the methane produced in the sediment was oxidized in the overlying water. On the average only about 1.2% of the produced methane was oxidized. The most effective re-utilization was observed at Mettlach (km 204) and in the non-canalized part downstream thereof to Kanzem (km 230); in this area only little methane was produced. In lakes 67% (Rudd and Hamilton 1978) and even 100% (Jannasch 1975) of the produced methane was oxidized.

Data shown in Table 2 seemed to indicate that, in the river, methane oxidation does not play a significant role in the carbon and oxygen budget. On the surface of the sediments, however, the number of methane-oxidizing bacteria was about 2 orders of magnitude higher and the methane concentration (according to Zaiss 1981a) three orders higher than in the overlying water. Previously Zaiss (1981b) reported that in the sediment of a brook, the oxidation rate was 4 to 5 orders of magnitude higher and at a lake bottom it was 50 fold higher than in the water. These data suggest that surface layers of sediments are the more favourable biotop of methane oxidizers, whereas wash-out from the sediment seems to be the reason for their occurrence in the water.

Acknowledgements

This investigation has been supported by the Commission of the European Communities, Environment and Raw Materials Programmes, Contract No. 242-77-1 ENV D.

References

Cappenberg, T. E., 1972. Ecological observations on heterotrophic, methane oxidizing and sulfate reducing bacteria in a pond. Hydrobiologia, **40**, 471—485.

Dalton, H. and Whittenbury, R., 1976. Nitrogen metabolism in *Methylococcus capsulatus* (Strain Bath). In: Schlegel, H. G., Gottschalk, G. and Pfennig, N., Microbial Production and Utilization of Gases, pp. 379—388. E. Goltze Göttingen.

De Bont, J. A. M., 1976. Nitrogen fixation by methane-utilizing bacteria. Antonie van Leeuwenhoek, **42**, 245—253.

Deutsche Einheitsverfahren zur Wasser-, Abwasser- und Schlammuntersuchung, 1975. Verlag Chemie, 3rd ed., Weinheim.

Ivanov, M. V., Nesterov, A. I., Namsaraev, B. B., Gal'chenko, U. F. and Nazarenko, A. V., 1978. Distribution and geochemical activity of methanotrophic bacteria in coal-mine waters. Microbiology, **47**, 396—401.

Jannasch, H. W., 1975. Methane oxidation in Lake Kiwu. Limnol. Oceanogr., **20**, 860—864.

Lax, E. und D'Ans, 1967. Taschenbuch für Chemiker und Physiker, Bd. 1. Springer-Verlag Berlin—Heidelberg—New York.

Naguib, M., 1970. On methane-oxidizing bacteria in fresh waters. II. A method for the estimation and statistical evaluation of the metabolic turnover of gases by methane-oxidizing bacteria. Z. Allg. Mikrobiol., **10**, 627—636.

Ohle, W., 1958. Die Stoffwechseldynamik der Seen in Abhängigkeit von der Gasausscheidung ihres Schlammes. Vom Wasser, **25**, 127—149.

Overbeck, J., 1965. Über Anreicherung und Isolierung Methan-oxydierender Bakterien aus dem Süßwasser. Zbl. Bakt. Hyg., I Abt., Suppl., **1**, 139—147.

Overbeck, J. and Ohle, W., 1964. Contributions to the biology of methane oxidizing bacteria. Verh. Internat. Verein. Limnol., **15**, 535—543.

Reed, W. M. and Dugan, P. R., 1978. Distribution of *Methylomonas methanica* and *Methylosinus trichosporium* in Cleveland Harbor as determined by an indirect fluorescent antibody-membrane filter technique. Appl. Environ. Microbiol., **35**, 422—430.

Rudd, J. W. M., Furutani, A., Flett, R. J. and Hamilton, R. D., 1976. Factors controlling methane oxidation in shield lakes: The role of nitrogen fixation and oxygen concentration. Limnol. Oceanogr., **21**, 357—364.

RUDD, J. W. M. and HAMILTON, R. D., 1975. Factors controlling rates of methane oxidation and the distribution of the methane oxidizers in a small stratified lake. Arch. Hydrobiol., **75**, 522 to 538.
RUDD, J. W. M. and HAMILTON, R. D., 1978. Methane cycling in a eutrophic shield lake and its effect on whole lake metabolism. Limnol. Oceanogr., **23**, 337–348.
RUDD, J. W. M., HAMILTON, R. D. and CAMPBELL, N. E. R., 1974. Measurement of microbial oxidation of methane in lake water. Limnol. Oceanogr., **19**, 519–524.
SANSONE, F. J. and MARTENS, C. S., 1978. Methane oxidation in Cap Lookout Bight, North Carolina. Limnol. Oceanogr., **23**, 349–355.
SCHNEIDER, M., ZAISS, U. und KALTWASSER, H., 1981. Untersuchung zur Mikrobiologie der Saar. Z. Wasser Abwasser Forsch., **14**, 31– 37.
WEBER, E., 1967. Grundriß der biologischen Statistik. Gustav Fischer Verlag Stuttgart.
WELCH, H. E., RUDD, J. W. M. and SCHINDLER, D. W., 1980. Methane addition to an arctic lake in winter. Limnol. Oceanogr., **25**, 100–113.
WHITTENBURY, R., COLBY, J., DALTON, H. and REED, H. L., 1976. Biology and ecology of methane oxidizers. In: SCHLEGEL, H. G., GOTTSCHALK, G. and PFENNIG, N., Microbial Production and Utilization of Gases, pp. 281–292. E. Goltze KG Göttingen.
ZAISS, U., 1981a. Seasonal studies of methanogenesis and desulfurication in sediments of the River Saar. Zbl. Bakt. Hyg., I Abt. Orig. C., **2**, 76–89.
ZAISS, U., 1981b. Natural ebullition of mine gas and its microbial oxidation in the Netzbach brook, Saarland. Verh. Internat. Verein. Limnol., **21**, 1381–1385.
ZAISS, U., BLASS, M. und KALTWASSER, H., 1979. Produktion und Verbrauch von Methan und Wasserstoff durch Mikroorganismen in der Saar. Dtsch. Gewässerkd. Mitt., **23**, 1–6.
ZAISS, U. und KALTWASSER, H., 1979. Über den Einfluß wasserbaulicher Maßnahmen auf die mikrobiologische Gasproduktion in Fließgewässersedimenten. Arch. Hydrobiol., **87**, 314–326.

Mailing address: Dr. U. ZAISS
Fachrichtung Mikrobiologie
Universität des Saarlandes
D-6600 Saarbrücken 11

Zeitschrift für Allgemerne Mikrobiologie	22	2	1982	149–152

Buchbesprechungen

M. ALEXANDER (Editor), Advances in Microbial Ecology, Vol. 4. 247 S., 22 Abb., 13 Tab. New York – London 1980. Plenum Press. $ 32.50.

Fortschritte der mikrobiellen Ökologie im wahrsten Sinne des Wortes vermitteln die sechs Beiträge des vorliegenden 4. Bandes. J. D. STOUT stellt die Rolle der Protozoen in den Nährstoffzyklen und im Energiefluß dar. B. NORKRANS führt uns mit der Oberflächenschicht von Gewässern ein mikrobielles Mikrohabitat vor Augen, das die Bedeutung von Grenzschichten für mikrobielle Aktivitäten aufzeigt. Antworten zu der viel diskutierten Frage der Optimierung der symbiontischen Stickstoffbindung gibt der Beitrag von H. S. LOWENDORF über Faktoren, die das Überleben von *Rhizobium* im Boden beeinflussen. Der Artikel von J. WATANABE und C. FURUSAKA über mikrobielle Ökologie von überfluteten Reisböden ist von allgemeinem Interesse, da an diesem Beispiel ein Ökosystem mit der Vielzahl miteinander vernetzter mikrobieller Prozesse in aeroben und anaeroben Bodenschichten und in der Wurzelzone vorgestellt wird. Dem Erkenntnisstand über die mikrobielle Oxydation von organischer Substanz in Moorböden (Histosols) gibt der Artikel von R. L. TATE III wieder. Der abschließende Beitrag von B. B. BOHLOOL und E. L. SCHMIDT über Immunofluoreszenz in der mikrobiellen Ökologie zeigt, welche Fortschritte diese neue Methode für die Wissenschaftsdisziplin gebracht hat. Dadurch wurde der direkte Nachweis bestimmter Organismenarten im Biotop möglich.

Mit den Beiträgen dieses Bandes werden wieder einige der vielen weißen Flecke auf der Karte der Mikrobenökologie ausgefüllt. Die klar abgefaßten und mit Abbildungen und Tabellen illustrierten Beiträge geben nicht nur die Fortschritte auf dem jeweiligen Gebiet wieder, sondern sie führen in das Gebiet ein. Die Advances in Microbial Ecology stellen damit zugleich Bausteine eines umfassenden und tiefgründigen Lehrwerkes der Mikrobenökologie dar.

W. FRITSCHE (Jena)

M. F. BARILE and S. RAZIN (Editors), The Mycoplasmas, Vol. I: Cell Biology. 547 S., 142 Abb. 42 Tab. New York – San Francisco – London 1979. Academic Press. $ 49.00.

10 Jahre nach der letzten zusammenfassenden Darstellung liegt jetzt mit den drei Bänden „The Mycoplasmas" eine Bearbeitung dieser gleichermaßen interessanten wie bedeutungsvollen Organismen vor, die allen Anforderungen an ein Standardwerk gerecht wird. In insgesamt 43 Kapiteln finden alle Aspekte Berücksichtigung, wobei dem Leser durch vergleichende Behandlung ein eindrucksvolles Bild sowohl von der Vielfalt und den Besonderheiten dieser zellwandlosen Prokaryoten als auch vom Wissensstand über die einzelnen taxonomischen und pathogenen Gruppen vermittelt wird. Die Beiträge sind von bekannten Autoren verfaßt, die meist seit Jahrzehnten auf diesem Gebiet arbeiten. Die Kapitel sind übersichtlich gegliedert, gut geschrieben und mit ausreichenden Literaturhinweisen versehen. Obwohl vorwiegend die Arbeiten der letzten 10 Jahre berücksichtigt werden, findet man auch Zugang zu der wichtigsten älteren Literatur. Die wiederholte Behandlung gleicher Fragen in verschiedenen Kapiteln ist zum Teil gut abgestimmt und wird eher als wertvoll empfunden, da der Leser dadurch auf besonders wichtige Befunde und Probleme mehrfach und unter verschiedenen Aspekten hingewiesen wird und so einen guten Überblick über die aktuellen Schwerpunkte der Mycoplasmenforschung erhält.

Die drei Bände sind zweifellos die z. Z. wichtigste und kompetenteste Informationsquelle für alle Fragen der Mycoplasmatologie und als solche von grundlegender Bedeutung für alle Mycoplasmatologen. Sie sind darüber hinaus ein ausgezeichnetes Nachschlagewerk für alle Membranologen, Biochemiker, Zell- und Molekularbiologen, Human- und Veterinärmediziner, Phytopathologen und Mikrobiologen, die mit Mycoplasmen zu tun haben oder sich über sie informieren wollen.

Die im ersten Band in 19 Beiträgen behandelten Themen umfassen die Gebiete Klassifikation und Taxonomie (2), Morphologie und Ultrastruktur (2), Wachstum und Stoffwechsel (2), molekularbiologische Grundlagen (1), Struktur und Funktion der Membranen (5), Antigenität (1) und *Mycoplasma*-Viren (2). Am Schluß werden die Gruppen *Acholeplasma, Ureaplasma, Thermoplasma* und *Anaeroplasma* in jeweils einem Kapitel besonders behandelt.

Der Band ist auch eine eindrucksvolle Dokumentation der Bedeutung der Mycoplasmen als besonders geeignete Objekte für die Grundlagenforschung. Dies zeigen u. a. die Erkenntnisse von allgemeinem Interesse zu Problemen der Morphogenese, Struktur und Funktion von Biomembranen, molekularbiologischen Prozessen und Fragen zur Evolution und Abstammung, die mit Hilfe dieser Organismen erhalten werden konnten.

J. GUMPERT (Jena)

F. Bricout and R. Scherrer (Editors), Viral Enteritis in Humans and Animals (INSERM-INRA Colloque, Thivernal-Grignon). 451 S., 80 Abb., 47 Tab. Paris 1980. Editions INSERM. Fr. 80.

Dieser Band enthält die 17 Hauptvorträge und 26 Kommunikationen, die 1979 auf dem Workshop über Enterale Virusinfektionen gehalten wurden. Da die Forschungen und Erkenntnisse über jene Viren, die für gastrointestinale Erkrankungen verantwortlich sind, in den letzten Jahren stark zugenommen haben, auf der anderen Seite erst wenige größere Zusammenfassungen darüber erschienen sind, kommt dem vorliegenden Buch besondere Bedeutung zu.

In 6 Sektionen ist der aktuelle Erkenntnisstand des Jahres 1979 zu folgenden Problemkreisen zusammengefaßt: Virus-Wirt-Wechselbeziehungen einschließlich Pathogenese und Epidemiologie, *in vitro*-Kultivierung der relevanten Viren, physikochemische und immunogene Charakterisierung der wichtigsten Gastroenteritis-Viren, Wirtsabwehr und Immunität, Prophylaxe sowie Diagnostik unter besonderer Berücksichtigung moderner Mikromethoden.

Besonders in den Hauptbeiträgen werden gute Zusammenfassungen gegeben, und der Blick wird auch auf Fragen der Physiologie und der allgemeinen Immunologie des Darmes sowie der Bedeutung der bakteriellen Besiedlung ausgeweitet. In den Kommunikationen fehlt dagegen mitunter die notwendige Kenntnis bzw. das Interesse über das direkte eigene Forschungsthema hinaus, zum Beispiel hätte man sich in dem Beitrag über die Erhöhung der Infektivität der Rotaviren durch Trypsin einen kurzen Hinweis darauf gewünscht, daß ein solcher Effekt für Myxo- und Paramyxoviren schon länger bekannt und der Mechanismus gut untersucht ist.

Insgesamt handelt es sich um ein wertvolles und für den klinischen und theoretischen Virologen und Gastroenterologen sehr interessantes Buch, das man aber recht bald lesen sollte, denn viele der Ergebnisse auf diesem sich schnell entwickelnden Gebiet veralten rasch.

D. H. Krüger (Berlin)

J. A. C. Fortescue, Environmental Geochemistry, a Holistic Approach (Ecological Studies, Vol. 35). XVII + 347 S., 130 Abb., 77 Tab. New York—Heidelberg—Berlin 1980. Springer Verlag. DM 69,00.

Ausgehend von einer nach chemischen Gesichtspunkten orientierten Geochemie, beschreibt der Autor die Entwicklung zu einer Umwelt-bezogenen „environmental" Geochemie und leitet daraus eine holistisch gesehene „landscape"- Geochemie ab, die sich auf den Bereich der Biosphäre auf der Erde erstreckt und z.B. zwischen Gehölz-Landschaften, Wiesen- und Steppen-Landschaften, Tundra-Landschaften und Wüsten-Landschaften nach ökologischen Gesichtspunkten unterscheidet und ökologische zu geochemischen Daten im Biotop in Beziehung setzt. Ökologische und biochemische Vorgänge und Beziehungen werden in geochemische Fragestellungen einbezogen, z.B. bei Prospektion und Lagerstätten-Entstehung, wobei auch die Bedeutung der Geomikrobiologie sichtbar wird und als Beispiel die Untersuchungen Kuznetsovs und seiner Mitarbeiter (Kuznetsov, S. I., Ivanov, M. V. and N. N. Lyalikova, Introduction to Geological Microbiology, New York 1963) über die Rolle von Mikroorganismen bei der Entstehung der Schwefel-Lagerstätten von Shor-Su angeführt werden. W. Schwartz (Braunschweig)

F. A. Gunther and J. D. Gunther (Editors), Residue Reviews, Vol. 73: Residues of Pesticides and other Contaminants in the Total Environment. 130 S., 35 Abb., 21 Tab. New York—Heidelberg—Berlin 1980. Springer-Verlag. DM 44,00.

Fortschrittsberichte über Rückstandsprobleme von Pesticiden und anderer Fremdstoffe sind der Inhalt der vorliegenden Serie. Diese Problematik ist in verschiedener Weise mit mikrobiellen Aktivitäten verknüpft. Mikroorganismen tragen zur Eliminierung dieser Verbindungen aus der Umwelt bei, sie werden jedoch auch durch diese Stoffe gehemmt. Damit könnte möglicherweise eine Beeinträchtigung ihrer Funktion in Ökosystemen verbunden sein. Mit der hemmenden Wirkung beschäftigt sich einer der sieben Beiträge des Bandes. R. Lal und D. M. Saxena geben eine Literaturübersicht über cytologische und biochemische Effekte von Pesticiden auf Mikroorganismen. Die Wirkungen von Herbiciden, Fungiciden, Insekticiden und PCBs auf Membranen, Organellen, Protein- und Nucleinsäuresynthese von Algen, Pilzen und Bakterien werden zusammengestellt. Aus dieser umfassenden Zusammenstellung geht hervor, daß in vielen der zitierten Arbeiten die umweltrelevanten Konzentrationen und Langzeitwirkungen zu wenig berücksichtigt werden. Der Artikel gibt damit nicht nur wertvolle Informationen, er regt auch zu einer zielgerichteten Bearbeitung an. Der Beitrag über den Stoffwechsel von Pyrethoiden durch Insekten wirft Fragen auf, wie diese Insekticide durch Mikroben metabolisiert werden. Weitere Beiträge des Bandes beinhalten analytische und gesetzgeberische Themen und führen dem Mikrobiologen die mit der Lösung der Rückstandsproblematik verbundenen Aspekte vor Augen.

W. Fritsche (Jena)

E. D. KORN (Editor), Methods in Membrane Biology. X + 227 S., 32 Abb., 11 Tab. New York-London 1979. Plenum Press. $ 29.50.

Von den drei in diesem Band zusammengefaßten Reviews ist zweifellos der Beitrag von PAPAHADJOPOULOS, POSTE und VAIL (Studies on Membrane Fusion with Natural and Model Membranes, 121 S., 460 Zitate) auch für Mikrobiologen der bedeutendste. Die Autoren sind anerkannte Spezialisten auf diesem Gebiet und haben in hervorragender Weise all das an Befunden und Vorstellungen kritisch verarbeitet, was über spontane und experimentell durch Viren und chemische Substanzen induzierte Fusion von natürlichen und Modellmembranen bekannt ist. Im Mittelpunkt stehen dabei die Bemühungen um eine Aufklärung der molekularen Prozesse. Es wird eine allgemeine Theorie der Membranfusion entwickelt, wonach eine Phasentrennung in jeweils einer Schicht der fusionierenden Membranen, die durch die Interaktion von Ca^{++} mit sauren Phospholipiden verursacht wird, der entscheidende Prozeß ist.

Methoden zur Untersuchung der Übertragung kleiner Moleküle von Zelle zu Zelle durch permeable Membrankanäle in speziellen Kontaktregionen (gap junctions) stehen im Mittelpunkt der Arbeit von SOCOLAR und LOEWENSTEIN (Methods for Studying Transmission through Permeable Cell-to-Cell Junctions, 56 S., 141 Zitate).

Im 3. Beitrag werden von D. F. WILSON (An Approach to the Study of Electron Transport Systems, 41 S., 60 Zitate) experimentelle und technische Grundlagen der potentiometrischen Analyse des Elektronentransportes in Membransystemen behandelt, wobei auf die oxydative Phosphorylierung in Mitochondrien ausführlicher eingegangen wird und auch thermodynamische Überlegungen eingeschlossen sind. J. GUMPERT (Jena)

H.-H. REICHENBACH-KLINKE, Krankheiten und Schädigungen der Fische. (2., völlig neubearb. Auflage). XIV+472 S., 744 Abb., 34 Tab., 2 Taf. Stuttgart 1980. Gustav Fischer Verlag. DM 148,00.

Mit der Intensivierung der Teichwirtschaft und Aquakultur werden Schäden und Krankheiten bei Nutzfischen in steigendem Maße zu wirtschaftlich limitierenden Faktoren. Dementsprechend wuchs der Bedarf an umfassender und aktueller Literatur auf diesem Gebiet als zuverlässiges Werkzeug für Prophylaxe, Diagnose und Therapie aller Noxen von fischwirtschaftlicher Bedeutung. Dieses Bedürfnis aller mit Problemen der Fischereibiologie konfrontierten Tierärzte, Biologen, Tierpathologen, Parasitologen und Ökologen erfüllt die 2. Auflage dieses Werk vollkommen.

Obwohl in den letzten Jahren die Stoffülle stark zugenommen hat, ist die gesamte Thematik auf nur 472 Seiten mit 744 (!) Abbildungen übersichtlich gegliedert und verständlich dargestellt. Infolgedessen ist die Informationsdichte auffallend hoch. In guter Relation zum Gesamtumfang wird in den ersten Kapiteln über allgemeine Morphologie, Anatomie und Pathologie der Fische sowie Biotophygiene, Krankheitsprophylaxe, Krankheitsabwehr, Untersuchungsmethoden und gesetzliche Bestimmungen informiert. Virus-, Bakterien-, Pilz- und parasitäre Erkrankungen bilden ihrer Bedeutung entsprechend den zentralen Teil des Buches. Darüber hinaus werden ökologisch-toxikologische Probleme ausführlich behandelt. Der Anhang sollte in künftigen Auflagen unbedingt erhalten, wenn möglich ausgebaut werden. Z.B. würde eine Tabelle mit Erklärung der verwendeten Abkürzungen und der Fachtermini mehr Praktikern den Zugang zum Inhalt erleichtern. Insgesamt gehört die vom Verlag bestens ausgestattete 2. Auflage dieses Buches wieder zu den grundlegenden Werken über Fischkrankheiten in deutscher Sprache.

U. GOTHE (Jena)

H. REMMERT, Ökologie, ein Lehrbuch (2. neubearbeitete und erweiterte Auflage). X + 304 S., 189 Abb., 12 Tab. Berlin—Heidelberg—New York 1980. Springer Verlag. DM 44,00.

In den Strom ökologischer Darstellungen der letzten Jahre ordnet sich REMMERTS Buch als eine Allgemeine Ökologie ein, geschrieben vom Standpunkt des Zoologen. Der Unterschied zu einer mikrobiologisch orientierten Ökologie wird deutlich, allein schon in den unterschiedlichen Beziehungen zu Raum und Zeit und in der verschiedenen Bewertung organismischer und geochemischer Beziehungen im Biotop. Tiere und grüne Pflanzen stehen im Mittelpunkt. Die Rolle von Mikroorganismen bei der Mineralisierung organischer Substanzen wird wenig beachtet oder als bekannt vorausgesetzt, desgleichen die Bedeutung der Erstbesiedelung lebensfeindlicher Standorte durch Mikroorganismen. — Die Darstellung ist gegliedert in Autökologie, die sich auf die Lebensbedingungen einer einzelnen Spezies und des Individuums bezieht — (hier auch eine Behandlung ökologischer Faktoren der Umwelt, bis zur neurobiologischen Anpassung von Sinnesorganen an die Lebensweise bei Tieren) — es folgt eine Darstellung der Populationsökologie, die das Zusammenleben von Tieren, Pflanzen und Mikroorganismen behandelt und schließlich eine Übersicht über Ökosysteme, ihre Entwicklung und Funktionsweise. Einige Beispiele (Spitzbergen, Mitteleuropa, Nakura-Sodasee in Kenya mit Massenentwicklung einer Spirulina) werden kurz analysiert. W. SCHWARTZ (Braunschweig)

R. A. Smith and W. Kirkpatrick (Editors), Ribavirin — A Broad Spectrum Antiviral Agent. 237 S., 108 Abb., 82 Tab. New York—London—Toronto—Sydney—San Francisco 1980. Academic Press. $ 21.00.

Der Synthese von 1-β-D-Ribofuranosyl-1,2,4-triazol-3-carboxamid (Ribavirin) lag der Gedanke zugrunde, es müsse Verbindungen geben, die allen Viren gemeinsame enzymatische Prozesse beeinflussen, wie z.B. die virusinduzierte Nucleinsäuresynthese. „Diese Prozesse werden von Enzymen ausgeführt, die spezifisch vom viralen Genom codiert sind" heißt es in der Einleitung. Diese Prämisse ist falsch, wenn man von den relativ autonomen großen DNA-Viren absieht, denn die viralen Nucleinsäuresynthesen hängen weitgehend von Enzymen der Wirtszelle ab. In der Tat wurde ein selektiver antiviraler Effekt des Ribavirins *in vitro* niemals nachgewiesen, dagegen eine Vielzahl von Wirkungen auf zelleigene Enzyme. Obwohl auch antivirale Effekte *in vivo*, wenn überhaupt vorhanden, denen authentischer Virostatica unterlegen waren, wurde Ribavirin einer umfangreichen pharmakologischen Testung unterzogen. Der Wert der Monographie besteht vor allem in dem Modellcharakter des Testprogramms. Man findet jedoch im ganzen Buch keine kritische Wertung des molekularen Hemmungsmechanismus und der offenkundigen Unwirksamkeit gegen Influenza beim Menschen, dagegen die unwahre Behauptung „Ribavirin ist wahrscheinlich das wichtigste Produkt der intensiven Suche nach antiviralen Agentien unter den synthetischen Nucleosidanologa" (S. 231) und ähnliche Übertreibungen an anderen Stellen. Es ist den Herausgebern anzulasten, eine solche Mischung von lauterer Wissenschaft und unlauterer Arzneimittelreklame publiziert zu haben.

C. Schröder (Berlin)

J. G. Tully and R. F. Whitcomb (Editors), The Mycoplasmas, Vol. II: Human and Animal Mycoplasmas. 509 S., 18 Abb., 30 Tab. New York—San Francisco—London 1979. Academic Press. $ 45.00.

Im zweiten Band ist in 14 Beiträgen das Wissen um die human- und tierpathogene Bedeutung der Mycoplasmen zusammengefaßt. In je einem Kapitel werden Identifikation, Diagnose, Epidemiologie, Immunität, Therapie und Pathogenese der Mycoplasmenerkrankungen bei Geflügel, Rindern, Schafen und Ziegen, Schweinen, Pferden, Affen, Hunden und Katzen und Nagern behandelt. Ausführlich wird dann über *Mycoplasma pneumoniae*-Infektionen beim Menschen und über die Mycoplasmen des menschlichen Urogenitaltraktes referiert. Die 4 letzten Beiträge beschäftigen sich mit Mycoplasmen als arthritogene Agentien, dem humoralen und zellulären Immunverhalten gegenüber Mycoplasmen sowie den Interaktionen von Mycoplasmen mit Zell- und Organkulturen. Schwerpunkte der Diskussionen sind die *Mycoplasma*-Wirts-Wechselbeziehungen, die potentiell pathogene Bedeutung vieler Arten und ihre Beteiligung an akuten und chronischen Erkrankungen (z. B. rheumatische Arthriden) und die Mechanismen der Pathogenese. Neben der großen Bedeutung als Ursache von Krankheiten, die vor allem unter Nutztierbeständen zu großen Verlusten führen können, wird die Bedeutung der Mycoplasmen als Modellorganismen zum Studium fundamentaler Prozesse der Pathogenese besonders hervorgehoben.

J. Gumpert (Jena)

R. F. Whitcomb and J. G. Tully (Editors), The Mycoplasmas, Vol. III: Plant and Insect Mycoplasmas. 351 S., 63 Abb., 19 Tab. New York—San Francisco—London 1979. Academic Press. $ 35.00

Der enorme Zuwachs an Erkenntnissen über Biologie, Verbreitung und Pathogenität der Mycoplasmen wird besonders eindrucksvoll im dritten Band dokumentiert. Die Themen der 10 Kapitel umfassen: Verschiedenheit der wandlosen Prokaryoten in pflanzlichen Gefäßgeweben, Pilzen und wirbellosen Tieren, Symptomatologie von pflanzlichen Spiroplasma-Erkrankungen, Kultivierung und Zellbiologie der Spiroplasmen, Spiroplasmen aus Läusen und ihre Pathogenität, die Spiroplasmen als „Sex Ratio Organisms" in *Drosophila*, Mechanismen der Spiroplasma-Pathogenität, Mycoplasmen und „Yellows Diseases", Vektorübertragung von pflanzenpathogenen Mycoplasmen und Chemotherapie von Pflanzenkrankheiten, die durch Mycoplasmen verursacht werden.

Die sehr ausführliche Behandlung der Spiroplasmen vermittelt von diesen pflanzen- und tierpathogenen Organismen ein Bild, das sie zweifellos mit unter die interessantesten Prokaryoten stellt. Künftigen Untersuchungen bleibt die Klärung der vielen noch offenen Fragen vorbehalten, wobei neue Erkenntnisse zu erwarten sind, die sowohl zu einem noch besseren Verständnis der Natur der Mycoplasmen und ihrer Pathogenität führen als auch zur Klärung so grundlegender Probleme wie der Beziehungen von Struktur, Funktion und Gestalt beitragen werden.

J. Gumpert (Jena)